现代果园生产与经营丛书

CAOMEIYUAN
SHENGCHAN YU JINGYING ZHIFU YIB

草莓园

生产与经营
致富一本通

张志恒 ◎ 主编

中国农业出版社

北　京

编著人员名单

主　编　张志恒

副主编　郑永利　童英富　孔樟良
　　　　　于国光

参　编　王华弟　郑蔚然　胡桂仙

前言

　　习近平总书记在 2013 年中央农村工作会议上提出："中国要强，农业必须强；中国要美，农村必须美；中国要富，农民必须富。"2018 年中央 1 号文件要求："到 2050 年，乡村全面振兴，农业强、农村美、农民富全面实现。"近年来，全国各地已经出现了多种多样的实现"三农强富美"的成功实例。在这些成功的案例中，草莓的身影备受关注。

　　草莓受到关注主要有 4 个方面的原因：一是草莓果肉柔嫩多汁、色泽艳丽、甜酸适度、芳香浓郁、味道鲜美、营养丰富，深受人们的喜爱；二是近半个世纪世界草莓产业规模扩大了近 10 倍，我国的草莓产业虽然起步较晚，但自 20 世纪 80 年代以来，在国内和国际两个市场需求的拉动下，草莓产业持续快速发展，并一举跃升为世界第一大草莓生产国，为"农业强"做出了突出贡献；三是与很多农业产业的效益出现周期性波动不同，在我国草莓产业 30 多年的快速发展中，效益持续保持良好状态，为草莓产区的"农民富"已经发挥了关键作用；四是草莓不仅是一种广受欢迎的食用产品，草莓园也为人们带来了感官愉悦和采摘体验，近年来以草莓采摘游为特色的休闲旅游蒸蒸日上，昭示了草莓产业在"农村美"方面的巨大潜力。

然而，草莓产业也有其自身的弱点：一是草莓没有非食用的外果皮保护，容易受到环境污染；二是草莓病害和土壤连作障碍发生严重，给草莓产业的持续发展带来了不确定性；三是草莓连续采收，农药安全间隔期的执行时有难度，广大消费者对草莓农药残留的疑虑也比较大，导致草莓市场的风险性增加；四是草莓果实易受损伤，不耐贮运，对市场供应的人为调节余地有限。要让草莓产业在我国"三农强富美"的社会实践中发挥更大的作用，必须以市场为导向，提升草莓生产经营中的科技水平，优化和创新生产经营的理念与模式。

基于以上认识，本书的内容安排力求在草莓生产技术完整性的基础上，重点为读者提供克服草莓产业自身弱点的技术解决方案，并介绍草莓产业宏观发展态势、不同市场的质量安全要求、生产经营模式和成功案例等。希望本书的出版能给从事草莓生产经营、技术推广和科学研究的人员，以及相关专业的大专院校师生提供有益的参考，并有助于进一步提高我国草莓的生产技术水平，提升草莓产业的经营效益，更好地满足国内外市场不断提高的草莓质量安全需求。

值此书出版之际，我们谨向在书中引用其著述的相关参考文献的作者们表示诚挚的谢意。

限于作者水平，书中疏漏和错误之处在所难免，恳请专家和读者批评指正。

张志恒

2018 年 8 月于杭州

XIANDAI GUOYUAN SHENGCHAN YU
JINGYING CONGSHU

目
录

前言

第一章　草莓产业发展 …………………… 1

　一、世界草莓产业的发展 ……………… 1

　二、国际草莓贸易概况 ………………… 5

　三、我国草莓产业的发展 ……………… 8

　四、安全生产与草莓产业的可持续发展 … 13

　五、草莓安全生产全程质量控制 ……… 15

第二章　草莓果实品质与安全要求 …… 17

　一、草莓果实品质特性 ………………… 17

　二、草莓农药残留限量的市场准入标准 … 22

　三、我国绿色食品标准对农药残留限量的
　　　规定 ……………………………… 46

**第三章　草莓生长发育特性和生态环境
　　　　　要求** ……………………… 47

　一、草莓的生长发育特性 ……………… 47

　二、草莓生产的生态条件 ……………… 54

三、草莓安全生产的环境质量要求 ········· 57

四、产地环境质量的控制 ············· 62

第四章 优良品种 ················· 64

一、红颜 ····················· 64

二、章姬 ····················· 65

三、丰香 ····················· 65

四、佐贺清香 ··················· 66

五、甜查理 ···················· 66

六、吐德拉 ···················· 67

七、达赛莱克特 ·················· 67

八、卡姆罗莎 ··················· 68

九、幸香 ····················· 68

十、枥乙女 ···················· 68

十一、北辉 ···················· 69

十二、早明亮 ··················· 69

十三、加州巨人 2 号 ··············· 70

十四、瓦达 ···················· 70

十五、森加森加拉 ················· 71

十六、弗杰尼亚 ·················· 71

十七、金三姬 ··················· 71

十八、枥木少女 ·················· 72

十九、宝交早生 ·················· 73

二十、明宝 ···················· 74

二十一、鬼怒甘 ·················· 74

二十二、法兰蒂 ·················· 75

二十三、帕罗斯 ·················· 75

二十四、昂达 ··················· 75

二十五、帕蒂 ··················· 75

二十六、宏大 …………………………… 76

二十七、石莓 3 号 ……………………… 76

二十八、石莓 4 号 ……………………… 76

二十九、明晶 …………………………… 77

三十、星都 2 号 ………………………… 77

三十一、硕露 …………………………… 78

三十二、红丰 …………………………… 78

三十三、港丰 …………………………… 78

三十四、全明星 ………………………… 78

三十五、玛利亚 ………………………… 79

三十六、华艳 …………………………… 79

三十七、晶瑶 …………………………… 79

三十八、白雪公主 ……………………… 80

三十九、越心 …………………………… 80

四十、小白 ……………………………… 80

四十一、赛娃（四季性品种） ………… 81

四十二、三星（四季性品种） ………… 81

四十三、夏公主（四季性品种） ……… 81

四十四、公四莓 1 号（四季性品种） …… 81

第五章　无病毒苗培育 ………………… 83

一、种苗脱毒 …………………………… 83

二、无病毒鉴定 ………………………… 86

三、组培增殖 …………………………… 89

四、移栽炼苗 …………………………… 90

五、田间隔离繁殖 ……………………… 90

六、草莓苗假植 ………………………… 91

第六章　连作障碍控制 …………………… 93

一、轮作 ………………………… 94
二、土壤覆膜增温 ……………… 94
三、灌水浸田处理 ……………… 95
四、土壤消毒处理 ……………… 96
五、土壤熏蒸处理 ……………… 97
六、石灰处理 …………………… 99
七、微生物处理 ………………… 100

第七章　土肥水管理 ………………… 101

一、整地 ………………………… 101
二、土壤管理 …………………… 102
三、施肥 ………………………… 102
四、水分管理 …………………… 109

第八章　植株管理 …………………… 110

一、影响草莓苗花芽分化的因素 ………… 110
二、定植 ………………………… 112
三、茎叶管理 …………………… 114
四、花果管理 …………………… 115
五、生长调节 …………………… 118

第九章　保护地促成栽培 …………… 121

一、设施材料的选择和棚室搭建 ………… 121
二、棚室内的温湿度管理 ……… 124

第十章　四季性品种夏秋栽培 ……… 127

一、四季性草莓品种的特征 ……… 127

二、草莓品种的四季性强弱与成花

　　诱导 …………………………………… 128

三、栽培管理的主要特点 ………………… 130

第十一章　病害防治 …………………… 133

一、草莓灰霉病 …………………………… 133

二、草莓白粉病 …………………………… 135

三、草莓炭疽病 …………………………… 137

四、草莓枯萎病 …………………………… 139

五、草莓青枯病 …………………………… 141

六、草莓轮斑病 …………………………… 142

七、草莓蛇眼病 …………………………… 143

八、草莓角斑病 …………………………… 144

九、草莓黑斑病 …………………………… 145

十、草莓褐斑病 …………………………… 146

十一、草莓病毒病 ………………………… 147

十二、草莓高温日灼病 …………………… 150

十三、草莓冻害 …………………………… 151

十四、草莓畸形果 ………………………… 152

十五、草莓缺铁 …………………………… 153

十六、草莓缺锰 …………………………… 153

十七、草莓生理性缺钙 …………………… 154

第十二章　虫害防治 …………………… 155

一、斜纹夜蛾 ……………………………… 155

二、肾毒蛾 ………………………………… 157

三、桃蚜 …………………………………… 158

四、棕榈蓟马 ……………………………… 160

五、朱砂叶螨 ……………………………… 161

六、二斑叶螨 ·················· 163

七、茶黄螨 ···················· 164

八、小地老虎 ·················· 165

九、蝼蛄 ······················ 167

十、蛴螬 ······················ 169

十一、短额负蝗 ················ 171

十二、大青叶蝉 ················ 172

十三、点蜂缘蝽 ················ 173

十四、麻皮蝽 ·················· 174

十五、茶翅蝽 ·················· 176

十六、蜗牛 ···················· 177

十七、野蛞蝓 ·················· 179

第十三章　病虫害的综合防治 ············ 181

一、选用抗病品种 ·············· 181

二、农业防治措施 ·············· 184

三、物理防治措施 ·············· 184

四、生物防治措施 ·············· 186

五、生态防治措施 ·············· 191

第十四章　农药的合理使用 ·············· 192

一、农药合理使用的法律基础 ···· 192

二、我国农药合理使用规范的主要
　　形式 ···················· 194

三、农药合理使用的基本原则 ········ 195

四、绿色食品生产中农药的合理使用
　　要求 ···················· 209

五、有机农业生产中农药的合理使用
　　规范 ···················· 210

第十五章　果实的采收包装和贮运 …… 212

一、草莓果实的成熟和适宜采收期的
确定 …………………………… 212
二、采收 ………………………… 213
三、分级包装 …………………… 214
四、贮运保鲜 …………………… 215

第十六章　速冻草莓加工工艺和检验
标准 ……………………… 217

一、速冻草莓加工工艺 ………… 217
二、检验标准 …………………… 219

第十七章　草莓生产经营模式和成功
案例 ……………………… 222

一、大规模专业化模式 ………… 222
二、城郊生产模式 ……………… 226
三、三产融合发展模式 ………… 230
四、异地种植模式 ……………… 233
五、四季性品种夏秋栽培模式 … 235

主要参考文献 …………………… 237

第一章
草莓产业发展

草莓属蔷薇科常绿多年生草本植物，在园艺学上属于浆果类，是一种营养丰富、美味可口的优质水果。草莓果实色香味俱佳，营养物质易被人体吸收，是世界各地消费者普遍喜爱的保健果品。据《本草纲目》记载，草莓汁具有消炎、解热、止痛、润肺生津、健脾、解酒、促进伤口愈合等功效。草莓还具有适应性强、适栽区域广、株体小、生长周期短、浆果成熟期早、连续采收期长、易繁殖、管理方便等特点，促进了草莓产业的快速发展。

一、世界草莓产业的发展

草莓果肉柔嫩多汁、色泽艳丽、甜酸适度、芳香浓郁、味道鲜美、营养丰富，深受世界各国居民的喜爱。如在日本的水果市场上，虽然草莓的价格较高，但其消费量则一直是仅次于柑橘和苹果，位居第三。在消费需求的强烈拉动下，20世纪后期以来世界草莓栽培得到迅速发展。1961年，全球草莓栽培面积仅为9.4万公顷，总产量75万吨；到1981年，分别增加到16.1万公顷和175万吨；到2001年，又分别增加到了32.4万公顷和447万吨；到2016年，更是达到了40.2万公顷和912万吨（图1-1）。

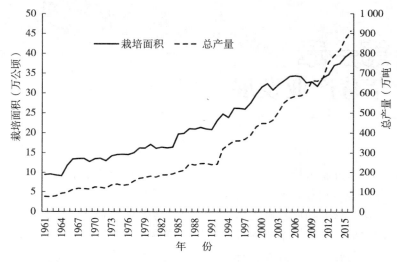

图 1-1 1961—2016 年世界草莓栽培面积和总产量的变化

由于草莓果实柔软、易损伤，很多生产环节难以机械化，所以草莓生产是一个劳动密集型的产业。20 世纪 80 年代以前，世界的草莓产业主要集中于发达国家，据联合国粮食及农业组织（以下简称 FAO）的统计资料，1981—1990 年全球草莓总产量中，发达国家占 88.5%，欧洲占 49.1%，美国占 21.8%。80 年代以后，发达国家较高的劳动力成本已经成为进一步发展草莓产业的一个重要障碍，产业规模出现了停滞不前甚至下降。如日本是传统的草莓生产大国，但其草莓面积在 20 世纪 70 年代达到高峰后逐年减少（由于单产提高，产量基本稳定或稍有下降）。近年来，法国、意大利等国家的草莓产量也出现了明显的下降趋势。相反，80 年代以后，中国、墨西哥、埃及、土耳其、波兰、韩国、摩洛哥等国家的草莓产业则取得了快速发展。目前，世界主要草莓生产国的生产情况见表 1-1。

表 1 - 1　2014—2016 年世界主要草莓生产国的生产情况

国家	总产量（吨）	总产排位	面积（公顷）	面积排位	单产（千克/公顷）	单产排位
中国	3 470 384	1	128 351	1	27 060	20
美国	1 394 170	2	22 984	4	60 899	1
墨西哥	439 948	3	10 377	7	42 417	5
埃及	394 591	4	8 703	9	45 133	3
土耳其	389 007	5	14 348	6	27 135	19
西班牙	351 800	6	7 563	11	46 733	2
波兰	201 457	7	51 804	2	3 889	70
韩国	200 179	8	6 541	12	30 605	14
俄罗斯	189 508	9	28 073	3	6 752	58
德国	161 534	10	14 790	5	10 912	42
日本	160 567	11	5 474	13	29 332	16
摩洛哥	138 448	12	3 341	19	41 477	6
意大利	136 644	13	5 388	14	25 437	23
英国	112 695	14	4 619	16	24 397	25
白俄罗斯	80 412	15	9 289	8	8 632	46
乌克兰	64 273	16	8 133	10	7 901	50
伊朗	60 801	17	4 211	17	14 422	38
法国	58 468	18	3 330	20	17 561	34
荷兰	57 633	19	1 761	27	32 729	12
哥伦比亚	52 131	20	1 485	29	35 031	11
希腊	46 723	21	1 164	34	40 092	8
澳大利亚	44 133	22	2 262	24	19 471	28
比利时	44 100	23	1 767	26	25 012	24
委内瑞拉	42 978	24	2 280	23	19 142	30
智利	29 359	25	1 104	36	26 614	21

（续）

国家	总产量（吨）	总产排位	面积（公顷）	面积排位	单产（千克/公顷）	单产排位
秘鲁	28 656	26	1 368	31	20 876	27
以色列	24 356	27	575	49	42 575	4
塞尔维亚	24 094	28	5 287	15	4 587	68
罗马尼亚	22 174	29	2 576	22	8 619	47
加拿大	21 529	30	2 844	21	7 576	51
瑞典	16 127	31	1 980	25	8 148	49
危地马拉	13 819	32	652	45	21 188	26
芬兰	13 132	33	3 424	18	3 845	71
阿根廷	12 987	34	1 067	38	12 170	39
奥地利	12 548	35	1 137	35	11 039	41
葡萄牙	10 988	36	385	54	29 591	15
突尼斯	9 660	37	366	55	26 344	22
瑞士	9 630	38	497	50	19 357	29
挪威	9 404	39	1 615	28	5 827	61
波黑	9 334	40	1 267	32	7 356	54
其他	110 259		14 757			
世界合计	8 670 640		388 939		22 293	

注：据FAO和农业部市场与经济信息司的统计资料，表中数据为2014—2016年3个年度的平均值。

近年来，全球草莓单产（以2014—2016年3年平均计）为22.3吨/公顷，其中单产前5位的国家分别是美国（60.9吨/公顷）、西班牙（46.7吨/公顷）、埃及（45.1吨/公顷）、以色列（42.6吨/公顷）、墨西哥（42.4吨/公顷），而我国的单位面积产量为27.1吨/公顷，居第20位，比世界平均产量高出21.6%。

二、国际草莓贸易概况

20 世纪 80 年代以来，发达国家较高的劳动力成本制约着其自身草莓产业的进一步发展，而其稳定上升的消费需求，必然要从国际市场（特别是发展中国家）寻求货源，致使近 30 多年中草莓的国际贸易呈现快速增长。据 FAO 统计资料，1981 年草莓的国际贸易量[①]为 12.6 万吨，贸易额[②]为 2.12 亿美元，平均价格为 1 683 美元/吨；1992 年分别增加到 30.1 万吨和 7.40 亿美元，平均价格为 2 458 美元/吨；2003 年又分别增加到 51.6 万吨和 9.81 亿美元，平均价格为 1 902 美元/吨；2013 年又分别增加到 86.4 万吨和 24.30 亿美元，平均价格为 2 813 美元/吨。草莓的主要进口市场仍是欧洲和北美，虽然发达国家在世界草莓总进口量中所占份额已从 80 年代的 99% 以上下降到目前的不到 90%，但草莓的国际市场主要在发达国家的格局没有改变（表 1-2）。

表 1-2　2011—2013 年世界主要草莓进口国的进口量和进口额

国家	进口量（吨）	进口量排位	进口额（万美元）	进口额排位
美国	139 911	1	30 778	2
加拿大	124 672	2	33 471	1
德国	109 120	3	28 225	3
法国	95 989	4	24 769	4
俄罗斯	50 057	5	11 455	7
英国	47 647	6	18 956	5
意大利	38 323	7	10 249	8
比利时	29 344	8	9 453	9

---

① 贸易量以进口量和出口量平均计。
② 贸易额以进口额和出口额平均计。

（续）

国家	进口量（吨）	进口量排位	进口额（万美元）	进口额排位
荷兰	26 375	9	13 923	6
奥地利	23 184	10	5 449	11
瑞士	14 066	11	5 557	10
墨西哥	13 667	12	2 071	23
葡萄牙	13 452	13	2 815	17
波兰	11 503	14	2 494	19
捷克	9 771	15	2 387	20
沙特阿拉伯	9 679	16	2 350	21
挪威	9 075	17	5 448	12
丹麦	8 091	18	2 908	16
瑞典	7 082	19	2 744	18
西班牙	6 708	20	1 619	25
中国	6 279	21	3 960	13
阿联酋	5 919	22	1 732	24
罗马尼亚	5 530	23	415	34
立陶宛	5 492	24	3 100	15
日本	3 474	25	3 506	14
新加坡	3 099	26	2 330	22
萨尔瓦多	2 983	27	125	53
保加利亚	2 499	28	351	37
匈牙利	2 376	29	546	31
摩尔多瓦	2 347	30	437	33
斯洛伐克	2 099	31	525	32
斯洛文尼亚	2 042	32	707	29
科威特	1 796	33	554	30
塞尔维亚	1 763	34	215	47
芬兰	1 734	35	832	27
卢森堡	1 568	36	741	28
爱尔兰	1 546	37	906	26
哈萨克斯坦	1 412	39	196	48
白俄罗斯	1 367	40	241	42

注：据 FAO 统计资料，表中数据均为 2011—2013 年 3 个年度的平均值。

在 1995 年以前，发达国家占有草莓国际市场 90% 以上的份额，1995 年以后，发展中国家（特别是中国、墨西哥、摩洛哥、埃及、土耳其等）的草莓出口显著增长，近年已占有世界草莓市场 1/4 以上的份额（表 1-3）。

表 1-3　2011—2013 年世界主要草莓出口国的出口量和出口额

国家	出口量（吨）	出口量排位	出口额（万美元）	出口额排位
西班牙	262 028	1	63 955	1
美国	148 136	2	43 515	2
墨西哥	99 428	3	19 197	4
荷兰	53 558	4	32 134	3
埃及	43 714	5	6 847	6
比利时	42 061	6	17 032	5
希腊	27 845	7	5 383	10
摩洛哥	22 365	8	5 512	9
土耳其	20 694	9	2 169	15
法国	18 396	10	5 873	7
意大利	17 679	11	5 573	8
德国	13 951	12	4 249	11
波兰	13 230	13	2 347	13
立陶宛	5 148	14	2 945	12
危地马拉	3 886	15	120	32
葡萄牙	3 799	16	1 206	16
塞尔维亚	3 240	17	540	18
韩国	2 338	18	2 278	14
摩尔多瓦	2 301	19	483	20
奥地利	1 618	20	520	19
吉尔吉斯斯坦	1 380	21	119	33
保加利亚	1 180	22	237	24
澳大利亚	1 134	23	610	17
约旦	1 132	24	356	21
白俄罗斯	1 075	25	109	35
中国	1 013	26	195	28

注：据 FAO 统计资料，表中数据为 2011—2013 年 3 个年度的平均值。

三、我国草莓产业的发展

我国的草莓产业在近 30 年中得到了迅速发展。1985 年，全国草莓的栽培面积仅有 3 300 公顷，占当年世界草莓面积的 1.67%，1995 年，增加到 3.54 万公顷，占世界的 13.53%，2001 年增加到 7.04 万公顷，占 21.76%，产量 125.6 万吨，占 28.12%，成为世界第一大草莓生产国。到 2005 年，又增加到 8.48 万公顷，占 24.69%，产量 196.3 万吨，占 34.83%，到 2016 年，更增加到 14.15 万公顷，占世界的 35.21%，产量 380.2 万吨，占 40.70%（图 1-2）。我国草莓产业的发展动力主要来源于改革开放后我国经济持续较快增长带来的国内市场需求的不断增加，农村改革和科技进步带来的生产力的释放，以及加入世界贸易组织（以下简称 WTO）带来的进入国际市场机遇。

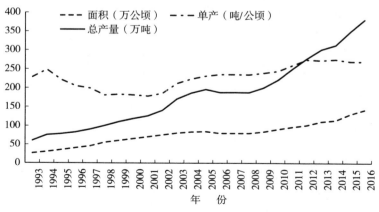

图 1-2　1993—2016 年我国草莓生产的发展

由于草莓的气候适应性广，我国各省（自治区、直辖市）均有商业化的草莓栽培。依据地理位置和气候条件，可将我国草莓产地划分为三大产区，即北方产区、中部产区和南方产区。北方产区包括秦岭与淮河以北，东北、华北、西北诸省。区域内秋冬气温低下，气候条件能满足普通草莓品种休眠与花芽分化的需求。该产区栽培方式多样，常见的有露地栽培、小拱棚早熟栽培、大棚半促成栽培、无加温日光温室栽培和加温日光温室栽培等。中部产区包括秦岭与淮河以南、长江流域诸省份。该区域属于非寒冷地区，露地栽培无需覆盖物就完全可以越冬，因降水量明显多于北方产区，常采用排水良好的深沟高畦式栽培。南方地区包括南岭山脉以南、华南诸省份。该区域冬季可以露地栽培和小拱棚栽培，近年来，广东、广西、海南、福建等地冬季草莓发展势头良好。

尽管全国各地均可生产草莓，但草莓产业发展最早、目前规模最大的仍然是从北至辽宁、南至浙江的东部地区，其中最为集中的产地有辽宁丹东、河北满城、山东烟台、江苏句容、安徽长丰、上海青浦和奉贤、浙江建德等（表 1-4）。

表 1-4 2010—2012 年我国各省份草莓的生产情况

省份	总产量（吨）	产量排位	面积（公顷）	面积排位	单产（千克/公顷）	单产排位
山东	525 829	1	15 143	1	34 682	4
辽宁	438 741	2	11 983	4	36 565	2
河北	390 703	3	12 243	2	31 910	5
安徽	278 250	4	11 997	3	23 148	11
江苏	247 952	5	9 617	5	25 562	9
河南	138 327	6	4 873	7	28 366	8
浙江	95 240	7	4 207	8	22 728	12
黑龙江	88 184	8	3 680	9	24 088	10
四川	81 856	9	5 327	6	15 369	21
湖南	36 903	10	3 500	10	10 474	30

（续）

省份	总产量（吨）	产量排位	面积（公顷）	面积排位	单产（千克/公顷）	单产排位
陕西	36 397	11	2 000	11	19 187	15
上海	19 642	12	1 010	14	19 430	14
湖北	19 045	13	1 120	13	16 890	20
广东	16 596	14	900	17	18 444	16
福建	15 009	15	757	18	19 834	13
贵州	14 928	16	1 173	12	12 705	26
吉林	11 905	17	913	16	12 960	24
北京	11 011	18	627	20	17 360	17
甘肃	10 198	19	717	19	14 227	22
云南	8 451	20	483	25	17 342	18
重庆	8 270	21	963	15	8 596	31
新疆	7 328	22	427	26	16 920	19
江西	7 288	23	623	22	12 235	27
山西	7 186	24	207	27	34 868	3
台湾	6 924	25	543	23	12 786	25
广西	6 358	26	530	24	12 048	28
宁夏	3 149	27	163	28	28 417	7
青海	849	28	25	29	50 914	1
内蒙古	655	29	627	21	8 530	32
天津	511	30	17	31	29 967	6
海南	359	31	23	30	14 123	23
西藏	131	32	17	32	10 722	29
全国	2 534 175		96 435		26 279	

注：据国家统计局和 FAO 统计资料，表中数据均为 2010—2012 年 3 个年度的平均值。

我国的草莓产业凭借 20 世纪后期发展起来的良好基础，以及相对低廉的劳动力成本和加入 WTO 的良好机遇，在进入 21 世纪后积极参与草莓的国际贸易，已经显示出了一定的竞争优势。2000 年，我国的草莓产品开始大量出口欧洲、北美和日韩市场，成为我国草莓产业发展的新的动力源泉。据贸易统计，我国大陆关税区 2000 年的冷藏草莓出口量 2.04 万吨，为第八大草莓出口国，2003 年增加到 7.80 万吨，跃居第三大草莓出口国，2005 年又增加到 9.85 万吨（表 1 - 5）。主要出口省份是山东、辽宁、河北、江苏，其中山东、辽宁出口草莓的田间收购价高达 3～5 元/千克。2003 年中国对欧盟的草莓出口量比上年猛增 4 倍以上，由 2002 年的 8 640 吨增到 2003 年的 35 320 吨，占欧盟草莓进口总量的 14%，成为欧盟第二大草莓供货国。

表 1 - 5　2000—2009 年我国内地冷藏草莓出口量（吨）

进口国（或地区）	2000 年	2001 年	2002 年	2003 年	2004 年	2005 年	2006 年	2007 年	2008 年	2009 年
荷兰	2 704	2 754	6 392	21 122	13 735	16 416				23 270
日本	7 287	9 069	11 249	13 003	14 211	15 784	13 526	11 776	13 469	12 174
美国	192	896	1 299	2 202	5 376	15 238		5 243	2 632	3 032
德国	3 392	1 503	3 199	16 990	8 511	10 537		13 136	12 060	8 302
法国	220	287	517	2 547	4 032	4 858		2 219	2 244	2 314
加拿大	718	869	1 899	2 442	3 133	4 617		3 513	2 855	3 446
澳大利亚	931	1 422	2 251	3 126	4 027	4 247	3 939	3 999	4 289	4 135
比利时	431	144	787	3 141	2 552	3 927				
韩国	1 293	704	1 775	1 857	3 671	3 623	3 815			2 917
意大利	48	173	198	2 846	1 946	2 378				
沙特阿拉伯	608	797	1 154	1 352	3 832	2 242				

（续）

进口国（或地区）	2000 年	2001 年	2002 年	2003 年	2004 年	2005 年	2006 年	2007 年	2008 年	2009 年
英国	1 360	992	2 236	2 331	2 090	2 072				
泰国	3		9	10	894	1 860	2 164			2 660
俄罗斯	10	42	396	566	612	1 819				
丹麦		72		119	1 133	1 620				
新西兰							604			
印度尼西亚								353	480	422
智利							220	241	123	279
南非										792

注：资料来源于中国贸易统计。

虽然 21 世纪初期我国草莓进入国际市场的努力取得了明显的成效，但近年来随着国内市场扩大和人工成本增加，国内草莓市场价格持续高位运行，草莓出口动力和国际竞争优势减弱，出口量出现了明显下降的趋势。2006—2013 年我国草莓进出口情况见表 1-6。

表 1-6　2006—2013 年我国草莓进出口情况

年份	进口量（吨）	进口额（千美元）	出口量（吨）	出口额（千美元）
2006	3 194	15 249	2 286	605
2007	4 311	20 116	981	743
2008	3 992	20 935	383	295
2009	4 922	25 221	223	236
2010	4 536	24 763	363	488
2011	5 414	32 431	888	1 381
2012	6 606	40 552	1 265	2 430
2013	6 816	45 807	885	2 030

注：据 FAO 统计资料。

四、安全生产与草莓产业的可持续发展

20 世纪 80 年代以来，世界各国陆续开始重视食品安全问题。草莓由于没有不可食用的果皮保护，果肉直接接触农药等污染物；草莓连作障碍问题突出，连作草莓往往土传病害和土居害虫严重，造成草莓生产农药使用增加；草莓是连续采收的水果，主要采收期往往需要每天或隔天采收，这给掌握农药安全间隔期带来了很大困难；部分草莓产地环境质量差，土壤重金属污染严重，而草莓很容易吸收土壤中的镉等重金属元素并在植株和果实中积累；草莓采后往往在短期内食用，没有污染物的降解时间；草莓生产的经济效益相对较好，而我国的农药、化肥生产得到国家的税收优惠和补贴支持，价格相对便宜，加上部分莓农缺乏草莓安全生产技术和意识，滥用农药、化肥现象普遍。所有这些，都加重了草莓的安全质量问题。

20 世纪 90 年代以来，有机、绿色、安全、无公害等草莓生产技术的研究和应用取得了很大进展，有机草莓在英国、法国、西班牙、意大利、德国、美国、智利等很多国家和地区得到发展。我国辽宁、山东、四川、江苏、新疆、北京、上海及台湾等地的草莓基地也在进行有机栽培。绿色食品草莓生产更是形成了大规模发展的趋势，2018 年 3 月在认证有效期内的绿色食品草莓基地达到 282 个，草莓年总产量预计达 23 万多吨，分布于 23 个省（自治区、直辖市），其中尤以山东、安徽、辽宁、四川规模最大，其次是河北、河南、江苏、浙江（表 1-7）。

然而，我国草莓质量安全的总体水平还远不能适应消费者的要求和国内外质量安全标准的提高，草莓产业的可持续发展将强烈地依赖于安全生产技术水平的提高和普及。

表 1-7　**2018 年 3 月在认证有效期内的绿色食品**

草莓基地数量及预计产量

省（自治区、直辖市）	获证基地数	预计年产量（吨）
山东	64	73 840
安徽	42	70 901
辽宁	19	36 399
四川	4	19 750
河北	12	7 395
河南	4	6 465
江苏	25	6 229
浙江	18	4 600
上海	13	2 132
黑龙江	4	1 401
甘肃	6	1 290
重庆	24	824
湖北	5	775
江西	1	700
北京	11	692
山西	2	690
陕西	7	597
内蒙古	3	575
吉林	10	383
天津	1	250
云南	3	250
新疆	3	210
湖南	1	200
合计	282	236 548

五、草莓安全生产全程质量控制

20世纪后期以来，国际上对农产品的质量控制开始借鉴工业产品（包括加工食品）质量控制的经验，从以往注重对终端产品的检测转变为对整个生产过程（包括产地环境质量）的控制，对终端产品的检测仅仅是质量控制的一个重要环节。农业生产由于影响因素众多，情况复杂多变，其全程质量控制较工业产品更为困难。目前，草莓安全生产全程质量控制的一般做法是：

（1）按照HACCP原理，对草莓生产过程中的各个环节可能造成的质量安全危害因素进行分析，确定质量安全的关键控制点，通常产地环境质量、农业投入品质量及其使用的合理性是最主要的关键控制点。

（2）根据生产目标（包括销售地、销售对象及其产品标准）确定对产地的环境质量要求，开展产地环境质量检测，结合可能的污染源分析，选择在符合要求的产地安排生产。

（3）在生产过程中注意对产地环境的保护，严格控制周围工业"三废"、生活废水和垃圾进入生产环境，定期或随机进行产地环境的动态监测，确保整个生产过程的环境质量符合要求。对草莓容易富集的镉等有毒物质要特别给予注意，必要时采取一些控制吸收的措施，如土壤加施石灰、碳酸钙等。

（4）在整个生产过程（从种苗繁育至成熟采收、加工包装直至贮运销售）的各个环节都必须遵循安全生产原则，按照良好农业规范（GAP）的要求进行生产管理，特别是农业投入品的质量必须符合要求，使用技术必须符合相应规范。

（5）整个生产过程必须记录详细的技术档案，以便对发现的质量安全问题能够方便地追溯到原因。

（6）对每个批次的草莓产品要实施自我常规检测或送样检测，并随时接受政府管理部门、产业组织及消费者的监督抽查。

（7）为了更好地对生产过程实行质量控制，还应建立适当的组织（如合作社、产业协会等）和严格的质量管理制度。

第二章
草莓果实品质与安全要求

一、草莓果实品质特性

　　草莓果实的品质特性分外观品质和内在品质两大类。外观品质包括果实形状和大小、果皮颜色和光泽度等，内在品质包括口感、肉质感、香气、果肉颜色、营养价值和果实硬度等。不论哪个特性欠缺，都会降低草莓本身的商品价值。

（一）果实大小

　　在鲜食草莓市场上，果实大小对价格有显著影响，通常是果实大、价格高。草莓果实的大小主要由草莓品种的遗传特性决定，并与果实上包含的瘦果数量成正比，因此，可以通过增加雌蕊数量来达到增大果实的目的。近年来我国的主栽草莓品种多属大果型，如红颜、丰香、章姬、甜查理、弗杰尼亚、吐德拉等。瘦果是从雌蕊发育而来的，而雌蕊的数量主要决定于从花芽分化期到现蕾期的温度，相对较低的温度（如白天 16℃，夜间 11℃）瘦果数量较多，单果重也较大；开花后适当保持相对较低的温度，也有利于果实持续生长。另外，在花芽分化后多次少量补充肥料和水分，也有助于草莓形成大果。

根据《草莓等级规格》（NY/T 1789—2009），草莓按照表2-1分为大、中、小3个规格。

表2-1　草莓规格

规格	单果重（克）			同一包装中单果重差异（克）		
	大果品种	中果品种	小果品种	大果品种	中果品种	小果品种
大（L）	≥25	≥20	≥15	≤5	≤4	≤3
中（M）	20～25	15～20	10～15	≤4	≤3	≤2
小（S）	≥15	≥10	≥5	≤3	≤2	≤1

注：大果品种为平均单果重≥15克的品种，中果品种为平均单果重10～15克的品种，小果品种为平均单果重5～10克的品种；所有等级均可有10%（以数量或重量计）的草莓不满足规格要求。

（二）糖度

糖度的高低是决定果实风味好坏的重要因素之一。果实中含有的糖以单糖类的果糖和葡萄糖及双糖类的蔗糖为主，糖分会随着果实的成熟而不断增加，特别是蔗糖在着色期呈现快速增加的态势。果实糖度一般采用手持糖度计来测定，但糖度计测的不仅仅是糖分，也包括有机酸和游离氨基酸等可溶性固形物。糖分在草莓果实中的含量分布会呈现竖直梯度，一般果尖部分含量较高，近果蒂处最低。

影响果实糖分积累的因素很多，首先是不同品种之间会有显著的差异。总体来说，东亚国家培育的草莓品种糖分含量较高，而欧美品种则含量较低，这主要是由于东西方消费者的食用方式和口味偏好差异对草莓育种目标产生影响的结果。另外，草莓糖度与果实成熟度和成熟过程中的温度也有密切的关系，一般成熟度越高，成熟过程中的温度越高，糖度也越高。

（三）酸度

酸度反映了果实中的有机酸含量，草莓果实中的有机酸主要成分是柠檬酸，其次是苹果酸。不同品种间酸度会有明显区别，一般东亚品种酸度低，欧美品种酸度高。随着果实逐渐成熟，酸度也会随之下降，促成栽培的东亚品种成熟时酸度可降到 0.6%～0.7%，有的品种甚至可降到 0.5% 以下，而欧美品种大多只能降到 1% 左右。果实含酸量也和成熟过程中的平均温度有一定的关系，一般温度低含酸量低，温度高含酸量也高。

（四）糖酸比

草莓口感主要来自甜味和酸味的平衡，因此，糖度和酸度的比值是衡量草莓品质的重要指标。一般糖酸比达到 12 以上时，消费者感觉到的就是甜味。糖酸比与草莓成熟过程中的温度和植株长势有关，成熟过程中温度较低，植株长势较好的，糖酸比较高，反之，则酸味会相对较大。

（五）果实颜色

果实颜色是草莓重要的品质特性，不同草莓品种的果实颜色可以从白色到深红色或紫红色的大范围之间变化，但绝大多数草莓品种都带红色。草莓果实的红色是因为含有称为花青素的红色色素，其中主要（大约 90%）是 3-葡萄糖花葵素苷，其次是 3-葡萄糖花青苷。果实颜色与花青素总含量之间存在比例关系，果实颜色越深，花青素含量越高。

草莓果皮颜色与果肉颜色之间也有密切关系，果皮颜色较深时，果肉也比较红；相反，果皮颜色较浅时，果肉颜色多发白。很多果肉较白的果实酸含量较低，口感香甜；而连果肉都呈深红色的果实一般酸味较重。

果实着色除受遗传因素控制之外，也与光照和温度有密切关系，一般温度较高、光照充足，则着色较快。另外，瘦果对果实颜色也有影响，瘦果未受精的，果实颜色较浅。

果皮颜色的好坏除与色泽相关之外，也与光泽度有关。光泽度是草莓品种的遗传特性，由多个遗传基因控制。颜色鲜艳、光泽度又较高的草莓果实非常美观，市场吸引力很大。

（六）果实形状

草莓果实有圆锥形、长圆锥形、短圆锥形、长果形、圆球形、扁圆形、楔形和扇形等。栽培品种多是圆锥形，这种果形装盒高效，也比较好看，特别是果实的高度与直径的比值控制在 1.1～1.3 范围内时，更符合草莓本来的形状，也更具美感。果实形状遗传性较强，是品种的重要特性。果实是由花托肥大而来的，在花托分化的花芽形成后期，果实的形状已经确定了。

草莓果实形状除主要由遗传因素控制外，还受气候条件、授粉情况、肥料和植物生长调节剂使用的影响。通常气温较低的 1～2 月形成品种固有的果实形状；11 月收获的草莓，因受花芽形成期的高温条件影响，果形稍长；而打破休眠后在露地条件下栽培的草莓，大多横向更加肥大。授粉是果实正常膨大的必要条件，如花粉活力持久性降低，或蜜蜂活动不活跃，或喷药等阻碍了授粉和受精，就会出现畸形果。在花芽形成期氮肥过多，花托发生了变形，果实的形状就会千奇百怪，可出现带状果、鸡冠果、沟状果等。另外，喷施赤霉素等植物生长调节剂，也可能会影响果实形状。赤霉素能促进细胞伸长，小花喷施赤霉素后，果实下部萼片包围的果颈部分伸长，形成高腰果。畸形果会明显降低草莓的商品价值，为了预防产生畸形果，应合理使用氮肥和植物生长调节剂，并加强温度管理、蜜蜂授粉管理。

（七）硬度

草莓果实硬度与耐贮运特性和口感密切相关。成熟后的草莓果实较软，采收和贮运过程易受损伤。提高草莓硬度，有利于减少贮运过程的损失。草莓硬度对口感的影响因食用方式和人群而有不同，通常鲜食时比较关注硬度对口感的影响。一般东亚国家的人群喜欢的硬度比欧美国家稍软。

草莓硬度是受多个遗传基因控制的数量性状。果皮硬度与果肉硬度相关性较高，果皮较硬的果实，果肉也会相对较硬。草莓硬度因瘦果密度不同而异，一般密度越高，果实的硬度越大。但瘦果密度高的果实外观看起来比较粗糙，肉质易于形成纤维。

草莓硬度伴随着果实成熟而降低，硬性的品种在完熟期采收果实会变软，软性的品种想要果实硬一点，可适当提早采收。草莓果实采收后先进行预冷处理，即在5℃左右的低温冷藏库中存放几个小时，可提高草莓的硬度，有利于减少随后的装箱和贮运损伤。

（八）香气

凡是成熟的水果都会散发出一种水果的芳香。水果的芳香可以分为鼻子嗅到的香气和品尝时口中弥漫的香气，这两种香气都能很好地起到提升美味的效果。至今已知的草莓香气成分达到300多种，主要是醇类、酯类和醛类等。不同种类、品种和成熟度的水果，其香气成分的种类和含量不同，特定的香气也是品种的特性之一。

（九）维生素C

维生素C含量是由多基因控制的数量性状，不同草莓品种之间有明显差异，一般含量在2.7～10.9毫克/千克范围内，平均6.2毫克/千克，但总体上明显高于苹果（0.4毫克/千克）、柑橘（3.2毫克/千克）、桃（0.8毫克/千克）、樱桃番茄（3.2毫克/千克）和黄瓜（1.4毫克/千克）等普通水果和果菜。因此，草莓是维生素C含量比较高的水果。

维生素C的含量随着果实的成长逐渐提高，在成熟时含量最高。同时，维生素C含量也受光照等环境条件的影响，果实生长期光照好的，维生素 C 含量会高些。

（十）瘦果颜色

随着果实的成熟，有些草莓品种的瘦果也会转色。一般果皮颜色较深的品种，其瘦果也会变成红色，而颜色比较浅的品种，瘦果大多保持淡绿色或淡黄色。瘦果呈红色的草莓看起来成熟度高，比较美观。

瘦果的着色与果皮一样需要阳光，因此一般从果实的阳面开始着色，而背面着色要明显迟些，有时到采收期果实背面还未着色。

瘦果的深浅也属于数量遗传性状，不同品种的草莓，其瘦果嵌入果肉的深度会有明显不同。通常瘦果嵌入较深的果实，其果皮较薄；瘦果浮在表层的果实，果皮较坚硬，瘦果易脱落。

二、草莓农药残留限量的市场准入标准

中国、欧盟、美国、日本、韩国、加拿大、澳大利亚等世界草莓主要消费市场以及国际食品法典委员会（以下简称为 CAC）的草莓农药残留限量见表 2-2（按农药名称的拼音顺序排列）。

表 2-2　世界草莓主要消费市场以及 CAC 的草莓中农药最高残留限量标准

（毫克/千克）

农药中文名称	中国	欧盟	日本	韩国	美国	加拿大	澳大利亚	CAC
1,1-二氯-2,2-双（4-乙苯）乙烷		0.01*						
1,3-二氯丙烯		0.01*	0.01					
1-甲基环丙烯		0.01*						

（续）

农药中文名称	中国	欧盟	日本	韩国	美国	加拿大	澳大利亚	CAC
萘乙酰胺和萘乙酸		0.06*						
2,4,5-涕		0.01*						
2,4-滴丙酸		0.02*	3					
2,4-滴丁酸		0.01*						
2,4-滴和2,4-滴钠盐	0.1	0.1	0.05	0.05	0.05	0.05		0.1
二甲四氯（钠）		0.05*	0.05					
二甲四氯丙酸		0.05*						
2-萘氧基乙酸		0.01*						
3-癸烯-2-酮		0.1*						
8-羟基喹啉		0.01*						
阿维菌素	0.02	0.15	0.02	0.1	0.05	0.05	0.1	0.15
矮壮素		0.01*	0.05					
艾氏剂	0.05	0.01*	ND				0.05	
安硫磷		0.01*						
氨磺乐灵		0.01*	0.1		0.05		0.1	
氨氯吡啶酸		0.01*						
胺苯吡菌酮		3	10	2		3		
胺苯磺隆		0.01*						
胺磺铜			20					
百草枯	0.01	0.02*	0.05		0.25		0.05	0.01
百菌清		4	8	1			10	5
保棉磷		0.05*		0.3		1		
倍硫磷	0.05	0.01*		0.2				
苯胺灵		0.01*						
苯并噻二唑		0.01*	0.2					
苯并烯氟菌唑		0.01*						

（续）

农药中文名称	中国	欧盟	日本	韩国	美国	加拿大	澳大利亚	CAC
苯草醚		0.01*						
苯丁锡	10	1	10	3	10		1	10
苯氟磺胺	10		15	10			10	
苯磺隆		0.01*						
苯菌灵					2			
苯菌酮		0.6	0.6	5				0.6
苯醚甲环唑		0.5	2	0.5		2.5		
苯醚菊酯		0.02*	0.02					
苯嘧磺草胺		0.03*						
苯嗪草酮		0.1*						
苯噻菌胺		0.01*	2	0.3				
苯霜灵		0.05*	0.05					
苯酰菌胺		0.02*						
苯线磷	0.02	0.02*	0.3	0.2			0.2	
苯锈啶		0.01*						
苯氧威		0.05*	0.05					
苯唑草酮		0.01*						
吡丙醚		0.05*	0.3	1	0.3	0.3	0.5	
吡草醚		0.02*						
吡虫啉		0.5	0.4	0.3	0.5	0.5		0.5
吡氟禾草灵和精吡氟禾草灵		0.2		0.2	3	1	0.2	
吡氟喹虫唑		2						
吡氟酰草胺		0.01*						
吡菌苯威			10	0.5				
吡菌磷		0.01*						

（续）

农药中文名称	中国	欧盟	日本	韩国	美国	加拿大	澳大利亚	CAC
吡螨胺		1	1	0.5				
吡喃草酮		0.1*						
吡噻菌胺		3	3	1		3	5	3
吡蚜酮		0.3	2	0.5			0.3	
吡唑草胺		0.02*						
吡唑醚菌酯		1.5	2	1		1.2		1.5
苄草丹		0.05						
苄草唑			0.02					
丙苯磺隆		0.02*						
丙环唑		0.01*	1			1.3		
丙硫菌唑		0.01*						
丙硫克百威			0.5	0.1				
丙硫磷			0.3					
丙炔噁草酮		0.01*						
丙炔氟草胺		0.02*	0.07			0.07		
丙森锌		0.05*						
丙溴磷		0.01*						
丙氧喹啉		1.5						
残杀威		0.05*	1					
草铵膦		0.3	0.5	0.05			0.1	0.3
草甘膦	0.1	0.1*	0.2				0.05	
赤霉素			0.2					
虫螨腈		0.01*	5	0.5				
虫螨畏		0.01*						
虫酰肼		0.05*	1					

（续）

农药中文名称	中国	欧盟	日本	韩国	美国	加拿大	澳大利亚	CAC
除草醚		0.01*						
除虫菊素		1	1	1				
除虫脲			0.05	2				
哒草特		0.05*						
哒菌清			0.02					
哒螨灵		1	2	1	2.5	2	1	
代森锰锌	5							
单氰胺		0.01*						
稻瘟灵		0.01*						
滴滴涕	0.05	0.05*	0.2				1	
狄氏剂	0.02	0.01*	ND				0.05	
敌百虫	0.2	0.01*	1				2	
敌稗		0.01*	0.1		2			
敌草胺		0.2	0.1	0.05	0.1	0.1	0.1	
敌草腈		0.01*						
敌草快		0.05	0.03		0.05		0.05	0.05
敌草隆		0.01*	0.05					
敌敌畏	0.2	0.01*	0.3					
敌恶磷		0.01*						
敌菌丹		0.02*						
敌菌灵		0.01*						
敌螨普	0.5	0.02*	0.5					0.5
地虫硫磷	0.01							
地乐酚		0.02*						
地散磷			0.03					

（续）

农药中文名称	中国	欧盟	日本	韩国	美国	加拿大	澳大利亚	CAC
碘苯腈		0.01*	0.1					
丁苯吗啉		0.01*	1					
丁草敌		0.01*						
丁氟螨酯					1	0.6	0.6	0.6
丁硫克百威			5	0.1				
丁醚脲			0.02					
丁噻隆			0.02					
丁酰肼		0.06*				0.02		
啶虫丙醚		0.01*	5					
啶虫脒	2	0.5	3	1		0.6		0.5
啶嘧磺隆		0.01*	0.1					
啶酰菌胺	3	6	15	5		4.5		3
啶氧菌酯		0.01*		2				
毒草胺		0.02*						
毒虫畏		0.01*	0.05					
毒杀芬	0.05	0.01*						
毒死蜱			0.2	0.2		0.2	0.05	0.3
对硫磷	0.01	0.05*	0.3	0.3				
对氯苯氧乙酸			0.02					
多果定		0.01*	3	5	5	5		
多菌灵	0.5	0.1*	3	2		5		1
多抗霉素			0.1					
多杀霉素		0.3	1	1		0.7		
多效唑		0.5						
噁草酸		0.05*						

（续）

农药中文名称	中国	欧盟	日本	韩国	美国	加拿大	澳大利亚	CAC
噁草酮		0.05*						
噁喹酸			5					
噁霉灵		0.05*	0.5					
噁霜灵		0.01*	1					
噁唑菌酮		0.01*						
噁唑磷			0.2					
蒽醌		0.01*						
二苯胺		0.05*	0.05					
二氟乙酸		0.03						
二甲草胺		0.02*						
二甲戊灵		0.05*	0.05	0.05			0.05	
二硫代氨基甲酸盐		10	5				5	5
二氯吡啶酸		0.5	1		4	1		
二氯喹啉酸		0.01*						
二氯硝基苯			10			10		
二氯异丙醚			0.2					
二嗪磷	0.1	0.01*	0.1		0.5	0.75	0.5	0.1
二氰蒽醌		0.01*	0.05	0.05			2	
二硝酚		0.01*						
二溴磷					1	1		
二溴乙烷		0.01*	0.01					
二氧化硫							30	
伐虫脒		0.4						
粉唑醇	1	1.5	1		1.5	1.5		1.5
砜嘧磺隆		0.01*						

（续）

农药中文名称	中国	欧盟	日本	韩国	美国	加拿大	澳大利亚	CAC
呋草酮		0.01*						
呋虫胺			2	2				
呋线威			0.1	0.1				
伏杀硫磷		0.01*						
氟胺磺隆		0.01*						
氟胺氰菊酯		0.5						
氟苯虫酰胺		0.2	2	1			0.3	
氟苯脲		0.01*	1	1				
氟吡草腙			0.05					
氟吡呋喃酮		0.4	2			1.5		
氟吡禾灵							0.05	
氟吡甲禾灵和高效氟吡甲禾灵		0.01*	0.05					
氟吡菌胺		0.01*						
氟吡菌酰胺		2	5	3		2		0.4
氟吡酰草胺		0.01*						
氟丙嘧草酯			0.1					
氟草定		0.01*	0.05					
氟草隆		0.01*	0.02					
氟虫腈	0.02	0.005*	0.01					
氟虫脲		0.05*	0.5	0.3				
氟丁酰草胺		0.02*						
氟啶胺		0.01*	0.05	5			0.05	
氟啶草酮					0.1			
氟啶虫胺腈			0.5	0.5	0.5		0.7	0.5	0.5

（续）

农药中文名称	中国	欧盟	日本	韩国	美国	加拿大	澳大利亚	CAC
氟啶虫酰胺		0.03*	2	1		1.5	2	
氟啶嘧磺隆		0.02*						
氟啶脲			2	0.3				
氟咯草酮		0.1*						
氟硅唑		0.01*		0.5				
氟化物					7			
氟环脲		0.01*						
氟环唑		0.05*						
氟磺胺草醚		0.01*						
氟磺隆		0.01*						
氟节胺		0.01*						
氟菌唑		0.2	1	2		2		
氟喹唑		0.05*		0.5				
氟乐灵		0.01*	0.05				0.05	
氟氯吡啶酯		0.02*						
氟氯氰菊酯和高效氟氯氰菊酯		0.02*	0.02					
氟醚唑		0.2	2	1		0.25		
氟嘧菌酯		0.01*	2			1.9		
氟氰戊菊酯		0.01*	0.05					
氟噻草胺		0.05*	0.3					
氟噻唑吡乙酮		0.01*						
氟噻唑菌腈			0.5	0.3	0.5			
氟酰胺	0.5	0.01*	3	5				
氟酰脲		0.5	2	1		0.45		0.5

（续）

农药中文名称	中国	欧盟	日本	韩国	美国	加拿大	澳大利亚	CAC
氟唑菌酰胺		4	4	2		4		7
福美双		10			13*	7		
福美铁						7		
福美锌		0.1*			7	7		
腐霉利	10	0.01*	10	10				
咯菌腈		4	5	2		3	5	3
硅氟唑			3	0.3				
硅噻菌胺		0.01*						
禾草丹		0.01*						
禾草敌		0.01*						
禾草灵		0.05*						
环苯草酮		0.05*						
环丙酸酰胺		0.05*						
环丙唑醇		0.05*	0.5					
环草定		0.1*	0.3					
环虫酰肼		0.01*	0.5					
环氟菌胺		0.04	0.7	0.5		0.2	0.01	
环磺酮		0.02*						
环酰菌胺	10	10	10	2	3	3		10
环氧嘧磺隆		0.01*						
环氧乙烷		0.02*						
磺草灵		0.05*						
磺草酮		0.01*						
磺草唑胺		0.01*						
磺酰草吡唑		0.01*						

（续）

农药中文名称	中国	欧盟	日本	韩国	美国	加拿大	澳大利亚	CAC
磺酰磺隆		0.01*						
己唑醇		0.01*		0.3				
甲氨基阿维菌素苯甲酸盐		0.05	0.1	0.05			0.1	
甲胺磷	0.05	0.01*	0.01					
甲拌磷	0.01	0.01*	0.05					
甲苯氟磺胺	5	0.02*	5	3			3	
甲苯噻隆		0.01*						
甲草胺		0.01*	0.01	0.05				
甲磺草胺			0.6			0.15		
甲磺隆		0.01*						
甲基碘磺隆钠盐		0.01*						
甲基毒死蜱		0.5	0.5					0.06
甲基对硫磷	0.02	0.01*	0.2	0.2				
甲基二磺隆		0.01*						
甲基立枯磷		0.01*	0.1	0.2				
甲基硫环磷	0.03							
甲基硫菌灵		0.1*		2	7	5		
甲基嘧啶磷		0.01*	1	1				
甲基内吸磷			0.4					
甲基乙拌磷							1	
甲基异柳磷	0.01							
甲硫威	1	1	1				0.1	1
甲咪唑烟酸		0.01*						
甲萘威		0.01*	7		4	7	0.01	
甲哌鎓		0.02*	2					

（续）

农药中文名称	中国	欧盟	日本	韩国	美国	加拿大	澳大利亚	CAC
甲氰菊酯	1	2	5	0.5		7		2
甲霜灵和精甲霜灵		0.6	7	0.2	10	10	0.5	
甲羧除草醚		0.01*						
甲酰氨基嘧磺隆		0.01*						
甲氧苯啶菌			2	2		0.5		
甲氧虫酰肼		2	2	0.3		2		2
甲氧滴滴涕		0.01*	7	14				
甲氧磺草胺		0.01*						
甲氧基丙烯酸酯类		0.01*	3			3		
甲氧咪草烟		0.05*						
解草嗪						0.01		
腈苯唑		0.05*		0.5				
腈菌唑	5	1	1	1	0.5	0.5		0.8
精噁唑禾草灵		0.1	0.1					
精二甲吩草胺		0.01*						
久效磷	1	0.01*						
糠菌唑		0.05*						
糠醛		1						
抗倒酯		0.01*						
抗蚜威	0.03	1.5	0.5	0.5			0.5	
克百威	1	0.005*	3	0.1		0.4		
克百威酚类代谢物						0.5		
克菌丹	0.02	1.5	20	5	20	5	10	15
枯草隆		0.01*						
喹禾灵和精喹禾灵		0.05*	0.05	0.05				

（续）

农药中文名称	中国	欧盟	日本	韩国	美国	加拿大	澳大利亚	CAC
喹啉铜			0.1					
喹硫磷		0.01*	0.02					
喹螨醚		1			0.7			
喹氧灵	15	0.3	1			1	0.01	1
乐果		0.01*	1	1		1	0.02	
雷皮菌素			0.5	0.3				
利谷隆		0.05*	0.2					
联苯		0.01*						
联苯吡菌胺		0.01*						
联苯肼酯	1	3	5	1	1.5	1.5	2	2
联苯菊酯	2	1	2	0.5	3			1
联苯三唑醇		0.01*	1	1				
邻苯基苯酚		0.05*						
林丹		0.01*	2				3	
磷胺	1	0.01*	0.2	0.2				
磷化氢			0.01				0.01	
磷酸							500	
硫丹		0.05*	0.5	0.2	2	1		
硫环磷	0.05							
硫双威		0.01*	1					
硫酰氟		0.01*						
硫线磷	0.02	0.01*	0.05					
六六六	0.05	0.01*	0.2					
六氯苯		0.01*	0.01					
螺虫乙酯		0.4	10	3	0.4	0.4		

（续）

农药中文名称	中国	欧盟	日本	韩国	美国	加拿大	澳大利亚	CAC
螺虫酯		1	2	1		2		
螺环菌胺		0.01*						
螺螨酯		2	2	2				2
绿谷隆		0.01*						
氯氨吡啶酸		0.01*						
氯苯胺灵		0.01*	0.03	0.05				
氯苯嘧啶醇	1	0.3	1	1				1
氯吡嘧磺隆		0.01*						
氯吡脲		0.01*	0.1					
氯草敏		0.1*						
氯虫苯甲酰胺	1	1	1	1		1	0.5	1
氯丹	0.02	0.01*	0.02					
氯氟氰菊酯和高效氯氟氰菊酯	0.2	0.5	0.5	0.1		0.01		0.2
氯化苦	0.05	0.01*				0.01		
氯磺隆		0.05*						
氯甲喹啉酸		0.1*						
氯菊酯	1	0.05*	1	1				1
氯硫酰草胺		0.01*						
氯麦隆		0.01*						
氯羟吡啶			0.2					
氯氰菊酯和高效氯氰菊酯	0.07	0.07	2	0.5		0.2		0.07
氯炔灵		0.01*						
氯酞酸甲酯		0.01*	2			2		
氯硝胺		0.01*		10				

（续）

农药中文名称	中国	欧盟	日本	韩国	美国	加拿大	澳大利亚	CAC
氯唑磷	0.01							
马拉硫磷	1	0.02*	1	0.5	8	8	1	1
麦草畏		0.05*						
麦穗宁		0.01*						
茅草枯		0.05*						
咪鲜胺和咪鲜胺锰盐		0.05*	1	0.5				
咪唑富马酸盐			5					
咪唑菌酮		0.04	0.02		0.02			0.04
咪唑喹啉酸		0.05*	0.05					
咪唑乙烟酸			0.05					
醚苯磺隆			0.05*					
醚菊酯		1		1				
醚菌胺		0.01*						
醚菌酯	2	1.5	5	1				
嘧苯胺磺隆		0.01*						
嘧菌胺		3	10	3	1.5			
嘧菌环胺	2	5	5	1		6	5	10
嘧菌酯		10	10	1		10		10
嘧螨醚			0.3					
嘧霉胺	3	5	10	2		3	5	
棉隆		0.02*	0.02					
灭草隆		0.01*						
灭草松		0.03*	0.02					
灭多威	0.2	0.01*				1	3	
灭菌丹	5	5	20	3	5	25		5

（续）

农药中文名称	中国	欧盟	日本	韩国	美国	加拿大	澳大利亚	CAC
灭菌唑		0.01*						
灭螨菌素		0.02*	0.2	0.2			0.2	
灭螨醌		0.01*	2	1		0.5		
灭螨猛			0.5					
灭线磷	0.02	0.02*	0.02	0.02				0.02
灭锈胺		0.01*						
灭蚜磷		0.01*						
灭蚁灵	0.01							
灭蝇胺		0.05*						
灭藻醌		0.01*						
内吸磷	0.02							
皮蝇磷		0.01*						
七氟菊酯		0.05	0.1	0.05				
七氯	0.01	0.01*	0.01					
嗪氨灵	1	0.01*	2	2				
嗪草酮		0.1*						
氰氟草酯		0.02*						
氰氟虫腙		0.05*		2				
氰咪唑硫磷			0.2	0.05				
氰霜唑		0.01*	0.7					
氰戊菊酯和S-氰戊菊酯	0.2	0.02*	1	1			1	
炔苯酰草胺		0.01*						
炔草酯		0.02*	0.02					
炔螨特		0.01*		7			7	
乳氟禾草灵		0.01*						

（续）

农药中文名称	中国	欧盟	日本	韩国	美国	加拿大	澳大利亚	CAC
噻苯咪唑		0.01*	3					
噻草酮		3	0.5					3
噻虫胺		0.02*	0.7	0.5				0.07
噻虫啉	1	1	5	2				1
噻虫嗪		0.3	2	1		0.3		0.5
噻吩磺隆		0.01*						
噻呋酰胺				0.5				
噻节因		0.05*	0.04					
噻菌灵				3	5			
噻螨酮	0.5	0.5	6	1		6	1	6
噻嗪酮		3	3			3		3
噻唑磷		0.02*	0.05	0.05				
三苯锡		0.02*	0.05					
三氟甲吡醚				2				
三氟甲磺隆		0.01*						
三氟羧草醚					0.05			
三环锡		0.01*		0.5				
三环唑		0.01*	0.02					
三甲苯草酮		0.01*						
三氯吡氧乙酸		0.1*	0.03					
三氯甲基吡啶				0.2				
三氯杀螨醇		0.02*	3	1	10	3	1	
三氯杀螨砜		0.01*	1	2		5	5	
三乙膦酸铝		75	75		75	75		
三唑醇	0.7	0.5	0.1					0.7

（续）

农药中文名称	中国	欧盟	日本	韩国	美国	加拿大	澳大利亚	CAC
三唑磷		0.01*		0.05				
三唑酮	0.7	0.01*	0.5					0.7
三唑锡		0.01*		0.5				
杀草强		0.01*						
杀虫环			3					
杀虫脒	0.01							
杀铃脲		0.05*	0.02					
杀螨净		0.02*						
杀螨醚		0.01*						
杀螨特		0.01*						
杀螨酯		0.01*						
杀螟丹			3					
杀螟腈			0.2					
杀螟硫磷	0.5	0.01*	0.2					
杀扑磷	0.05	0.02*	0.2					
杀鼠灵		0.01*	0.001					
杀线威		0.01*	0.02	2				
杀藻胺		0.1						
生物苄呋菊酯		0.01*	0.1					
虱螨脲		1	1	0.5				
十二环吗啉		0.01*						
十氯酮		0.02						
十三吗啉		0.01*	0.05					
鼠完			0.001					
双苯酰草胺						1		

（续）

农药中文名称	中国	欧盟	日本	韩国	美国	加拿大	澳大利亚	CAC
双丙氨酰膦			0.004					
双氟磺草胺		0.01*						
双胍三辛烷基苯磺酸盐				0.5	1			
双胍辛乙酸盐		0.05*						
双甲脒		0.05*						
双炔酰菌胺		0.01*	5	0.1				
双三氟虫脲				0.5				
双十烷基二甲基氯化铵	0.1	0.1						
双酰草胺		0.01*						
霜霉灭		0.01*						
霜霉威和霜霉威盐酸盐		0.01*	0.1	0.1				
霜脲氰		0.01*		0.5				
水胺硫磷	0.05							
四聚乙醛		0.05*	0.7			0.15	1	
四氯硝基苯		0.01*	0.05					
四螨嗪	2	2	2	2				2
四唑嘧磺隆		0.01*						
速灭磷		0.01*		1		0.25		
特草定			0.1	0.1		0.1		
特丁津		0.05*						
特丁硫磷	0.01	0.01*	0.005					
特乐酚		0.01*						
特普		0.01*						
涕灭威	0.02	0.02*	2					
甜菜安		0.01*						

（续）

农药中文名称	中国	欧盟	日本	韩国	美国	加拿大	澳大利亚	CAC
甜菜宁		0.3						
调环酸钙		0.15	2		0.3	0.3		
调嘧醇		0.01*						
铜制剂		5	5			50		
土菌灵		0.1	0.2	0.05				
萎锈灵		0.05*						
肟菌酯		1	1	0.7		1.1	2	1
无机溴					60		30	
五氟磺草胺		0.01*						
五氯硝基苯		0.02*	0.02					
戊菌隆		0.05*		0.2				
戊菌唑	0.1	0.5	0.1					0.1
戊唑醇		0.02*		0.5				
西玛津		0.01*	0.2	0.25	0.25			
烯丙苯噻唑			0.03					
烯草胺		0.01*						
烯草酮		0.5	2	0.05				
烯虫酯		0.02*						
烯啶虫胺			5					
烯禾啶			10	0.05	10	10		
烯酰吗啉	0.05	0.7	0.05	2	0.9			0.5
烯效唑			0.1					
烯唑醇		0.01*						
酰嘧磺隆		0.01*						
消螨多		3		1				0.3

（续）

农药中文名称	中国	欧盟	日本	韩国	美国	加拿大	澳大利亚	CAC
硝磺草酮		0.01*						
辛硫磷	0.05	0.01*	0.02					
溴苯腈		0.01*						
溴甲烷	30						0.05	
溴离子		30	30					30
溴螨酯	2	0.01*	2	5				2
溴氰虫酰胺		0.5	1	0.7	1		0.7	
溴氰菊酯	0.2	0.2	0.5			0.2		0.2
溴鼠灵			0.001					
亚胺硫磷		0.05*	0.1					
亚砜磷		0.01*	1					
烟嘧磺隆		0.01*						
燕麦敌		0.01*						
燕麦灵		0.01*						
氧化萎锈灵		0.01*						
氧乐果	0.02	0.01*	1	0.01			2	
野麦畏		0.1*	0.1	0.2				
野燕枯			0.05					
叶菌唑		0.02*		1				
乙拌磷		0.01*	0.05					
乙草胺		0.01*						
乙丁氟灵		0.02*						
乙丁烯氟灵		0.01*						
乙基多杀菌素		0.2	2			0.7	0.5	
乙基谷硫磷		0.02*						

（续）

农药中文名称	中国	欧盟	日本	韩国	美国	加拿大	澳大利亚	CAC
乙基溴硫磷		0.01*						
乙菌利		0.01*						
乙硫苯威					5			
乙硫磷		0.01*	0.3					
乙螨唑		0.2	0.5	0.5		0.5		
乙霉威		0.01*	5	5				
乙嘧酚		0.2						
乙嘧酚磺酸酯		2					0.01	
乙羧氟草醚		0.01*						
乙烯菌核利		0.01*	10	10	10	10		
乙烯利		0.05*	2					
乙酰甲胺磷	0.5	0.01*						
乙氧呋草黄		0.03*						
乙氧氟草醚		0.05*				0.05		
乙氧磺隆		0.01*						
乙氧喹啉		0.05*						
乙酯杀螨醇		0.02*						
异丙草胺		0.01*						
异丙甲草胺和精异丙甲草胺						0.1		
异丙甲草胺和精异丙甲草胺		0.05*						
异丙菌胺		0.01*						
异丙隆		0.01*						
异丙噻菌胺		3	4	3		4		

（续）

农药中文名称	中国	欧盟	日本	韩国	美国	加拿大	澳大利亚	CAC
异狄氏剂	0.05	0.01*	ND					
异噁草酮		0.01*	0.02					
异噁酰草胺		0.05						
异噁唑草酮		0.02*						
异菌脲		20	20	10	15	5	12	10
抑草磷			0.05					
抑霉唑	2	0.05*	2	2				2
抑芽丹		0.2*	0.2	40				
茵草敌		0.01*	0.1					
吲哚丁酸		0.1*						
吲哚酮草酯		0.05*						
吲哚乙酸		0.1*						
吲唑磺菌胺		0.01*	0.05	2				
印棟素		1						
茚虫威		0.6	1	1			1	
蝇毒磷	0.05							
有效霉素			0.05					
莠去津		0.05*	0.02					
鱼藤酮		0.01*						
增效醚			8				8	
治螟磷	0.01							
种菌唑		0.01*						
仲丁胺			0.1					
仲丁灵		0.01*						
仲丁威			2					

（续）

农药中文名称	中国	欧盟	日本	韩国	美国	加拿大	澳大利亚	CAC
唑吡嘧磺隆		0.01*						
唑草酮		0.01*	0.1		0.1	0.1	0.05	
唑虫酰胺		3						
唑啉草酯		0.02*						
唑螨氰			3	1				
唑螨酯		0.3	0.5	0.5		1		0.8
唑嘧菌胺		0.01*		0.05				

注：①ND表示该污染物不得检出；②＊表示按最低检出限设定；③欧盟、日本、韩国、美国、加拿大和澳大利亚的农药残留限量标准均采用准许清单制，除了表中列出的具体农药限量规定之外，还有适用一律标准的规定。

我国 2016 年修订《食品中农药最大残留限量》（GB 2763—2016）共规定了 91 种农药在草莓中的最高残留限量标准（表 2 - 2）。我国与其他主要消费国草莓农药最高残留限量标准值的比较如表 2 - 3 所示。

表 2 - 3　中国与其他主要消费国草莓农药最高残留限量标准值的比较

比较国家或国际组织	制定限量的农药数量	均有标准的项目数	中国标准严		中国标准宽		一致	
			项目数	比例（%）	项目数	比例（%）	项目数	比例（%）
日本	301	67	34	50.75	19	28.36	14	20.89
欧盟	470	73	14	19.18	41	56.16	18	24.66
美国	52	14	9	64.29	3	21.43	2	14.29
加拿大	96	23	11	47.83	9	39.13	3	13.04
韩国	169	41	16	39.02	17	41.46	8	19.51
澳大利亚	71	22	14	63.64	6	27.27	2	9.09
CAC	66	35	8	22.86	4	11.43	23	65.71

三、我国绿色食品标准对农药残留限量的规定

我国的绿色食品标准对农药残留限量的质量安全要求比普通的市场准入标准更严格。农业行业标准《绿色食品 农药使用准则》（NY/T 393—2013）规定：绿色食品生产中允许使用的农药，其残留量应不低于 GB 2763 的要求；在环境中长期残留的国家明令禁用农药，其再残留量应符合 GB 2763 的要求；其他农药的残留量不得超过 0.01 毫克/千克，并应符合 GB 2763 的要求。同时，《绿色食品 温带水果》（NY/T 844—2017）还对 11 种农药做进一步的限量规定（表 2 - 4）。

表 2 - 4　NY/T 844—2017 中特别规定的绿色食品
草莓农药最高残留限量标准

农药名称	残留限值（毫克/千克）	农药名称	残留限值（毫克/千克）
氧乐果	0.01	百菌清	0.01
克百威	0.01	氯氰菊酯	0.07
敌敌畏	0.01	氯氟氰菊酯	0.2
溴氰菊酯	0.01	多菌灵	0.5
氰戊菊酯	0.01	烯酰吗啉	0.05
苯醚甲环唑	0.01		

第三章
草莓生长发育特性和生态环境要求

一、草莓的生长发育特性

草莓是多年生草本植物，呈半匍匐和簇状生长，在短缩茎上密集地着生叶片，顶端产生花和果实，下部为根。短缩茎、叶、花、果和根系构成了草莓的完整植株。

（一）根

草莓根系是由从新茎和根状茎上发生的不定根及其上发生的侧生根组成，属浅根性须根系，多分布在 20～25 厘米深的土层中，水平分布范围也较小，70％以上的根分布于植株周围 10 厘米的范围内。根系分布深度与品种、土壤、栽植密度等有关。在土壤疏松、排水良好、栽植密度高时根系分布较深；反之，则分布较浅。

草莓根系在一年中有 3 次生长高峰。早春根系比地上部开始生长早，当地表下 10 厘米地温稳定在 2～5℃时，根系开始缓慢生长。当地温稳定在 13～15℃时，根系出现第一次生长高峰，这时露地草莓正处于花序初显至开花盛期。7 月上旬至 8 月中旬的匍匐茎苗和母株新茎生根期，根系生长出现第二次高峰，但在这一时期地温过高的地区，根系生长高峰不明显。

9月中下旬至越冬前，随着叶片养分回流积累及土温降低，根系生长出现第三次高峰，这是全年发根量最多、持续时间最长的根系生长期，有一部分根以白色的初生状态越冬，翌年开春后继续加长生长。

（二）茎

草莓的茎有新茎、根状茎和匍匐茎3种类型，新茎和根状茎生长在地下，故又称为地下茎，匍匐茎则沿地面呈匍匐状生长。

二年生以上的短缩茎叶片枯死脱落后就变为外形似根的根状茎，根状茎木质化程度高，有节和年轮，是贮藏营养的主要器官。二年生的根状茎常在新茎基部产生大量不定根，但随着年轮的增长，一般从第三年开始不再发生不定根，并从下部老的部位开始逐渐向上老化变黑死亡，即根状茎越老，运输、贮藏和吸收营养的功能就越差。因此，生产上草莓都实行1～2年一栽制，以保证草莓的丰产优质。

新茎是当年从根状茎上萌发的短缩茎，它是草莓发叶、生根、长茎、形成花序的重要器官。新茎上密生叶片，下部产生不定根，其上的腋芽早熟，当年可萌发形成匍匐茎或新茎分枝。新茎分枝从开花结果期开始发生，8～9月大量发生，这些分枝可作为营养繁殖器官用于分株扩大繁殖。新茎上不萌发的腋下芽成为隐芽，在草莓植株地上部受到损伤时，隐芽可萌发出新茎或匍匐茎，并在新茎基部形成新根系，使植株迅速恢复生长。新茎的顶芽到秋季可形成混合花芽，继而发育成为第一花序，花序均发生在弓背的一侧，生产上运用这一特性确定植苗的方向，以使花序向适当的方向伸展。

匍匐茎是由新茎上的腋芽萌发而成的，腋芽萌发后先向上生长，到接近叶面高度时开始平卧，沿地面匍匐生长，匍匐茎细长柔软，是草莓营养繁殖的主要器官。草莓匍匐茎的节间很长，每节间的叶鞘内均着生腋芽，但奇数节上的腋芽一般呈休眠状态，而偶数节上的腋芽可以萌发出正常的茎叶和不定根，当不定根扎入土壤后，就形成一株匍匐茎子苗。正常情况下，2～3周匍匐茎苗就能独立成活。随着匍匐茎苗的生长，一次匍匐茎苗又可分化腋芽抽生出二次匍匐茎苗，二次匍匐茎苗还可抽生出三次匍匐茎苗。草莓的匍匐茎一般在5～9月发生，不同时期发生的匍匐茎子苗质量相差较大，同一植株上通常早期形成的、离母株近的、代次低的匍匐茎苗质量较好。

影响草莓匍匐茎萌发生长的因素有品种、日照、温度、土壤水分和植物激素等。通常匍匐茎的萌发要求每天的日照在12～16小时，气温在14℃以上，但南方盛夏温度过高也会起到抑制作用，匍匐茎发生最适温度条件是夜间10℃左右、昼间23℃左右。匍匐茎的发生量还与草莓母株感受到的5℃以下低温的积累量有关，但不同品种对低温积累量的最低要求差异较大，从几十小时至几百小时不等。如果把对低温积累量要求较高的寒地品种引入暖地种植或进行促成栽培，就会因其所感受的低温量不足而影响匍匐茎的发生。匍匐茎的生长还要求土壤有适当的水分，使新生匍匐茎苗及时形成根系并扎入土中。通常，最适宜的土壤含水量为最大田间持水量的70%左右。另外，赤霉素能促进匍匐茎的抽生，而抑芽丹、多效唑、矮壮素对草莓匍匐茎的发生起抑制作用。

（三）叶

草莓叶片属于基生三出复叶，紧密着生在新茎上，呈螺旋状排列。叶柄长10～25厘米，叶柄上多着生茸毛，叶柄基部有托叶，托叶围成托叶鞘包于新茎上。草莓复叶上的单叶为椭圆形、圆形或倒卵形等，叶缘有锯齿，叶片表面有细小茸毛。生长季节，草莓叶片不断地从新茎上发生，一般8～12天长出1片新叶，一年能生出20～30片叶，新叶展开后约2周达到成龄叶，4 周左右叶面积最大、叶片最厚、叶绿素含量最高，叶片寿命可维持 60～130 天。草莓的叶片具有常绿性，秋季长出的叶片，在环境适宜的保护地条件下可维持绿色越冬，翌年春季继续生长一段时间后才枯死，寿命可长达 200～250 天。越冬期保存较多绿叶，有利于提高产量。

叶片的生长发育受光温条件影响很大。草莓喜光，叶片在光照充足时发育良好，叶色深绿、叶厚有光泽，叶的同化功能也强。但夏季光照过强，如果不及时灌溉，在干旱条件下草莓叶片会出现灼伤现象。叶片生长和光合作用的最适温度为 20～25℃。南方夏季高温季节，干燥炎热的气候条件会抑制草莓新叶发生，成熟的叶片有时也会出现枯焦现象，夏季育苗最好采取适当的遮阳降温措施。

（四）花芽分化

草莓花芽在短缩茎主轴先端生长点上形成，由此分化为草莓的顶花序，即第一花序。短缩茎的腋芽也可形成花芽，而成为草莓的腋花芽，即第二、第三和第四花序。

花芽分化过程大致可分为分化初期、花序分化期和花器分化期 3 个时期。分化初期持续 5～6 天，先是叶原始体生长点变圆隆起，继而迅速膨大，并纵裂出侧花芽小突起，至花原始体形成。花序分化期需 11 天左右，先是顶花序的花芽群不断分化发育，继而顶花芽萼片突起，同时第二花序原始体形成。花器分化期需 16 天左右，先是顶花序形成，大部分小花萼片向花盘中部延伸形成总苞，其内侧花冠、雄蕊、雌蕊相继突起，并先后发育成熟，至中后期第三花序原始体形成。

温度和日照是影响草莓花芽分化的主要因素。只有在低温和短日照条件下持续一定时间，草莓才能进行花芽分化。氮素营养对花芽分化也有重要影响，苗期或花芽分化前如施氮肥过多，容易造成植株生长过旺，花芽不易分化或推迟分化；另一方面，如苗期氮素供应不足，秧苗过于衰弱也不能形成花芽。

草莓花芽开始分化期与地理纬度有关，高纬度地区花芽分化期早，低纬度地区则相应推迟。在北京、河北、山东等地，草莓在 9 月中旬前后进入花芽分化期；而在江浙地区多在 9 月下旬前后开始花芽分化。草莓开始花芽分化的时间还与品种有关，一般早熟品种要比中晚熟品种早 10 天左右。

一些植物生长调节剂可促进或抑制花芽分化。如抑芽丹会使草莓生长素含量降低，促进花芽分化；脱落酸可抑制植物生长，对花芽分化起促进作用；其他植物生长延缓剂（如矮壮素、丁酰肼等）也对花芽分化起一定的促进作用；但赤霉素则可抑制草莓的花芽分化。

（五）花和花序

草莓的花是由花柄、花托、萼片、花瓣、雄蕊和雌蕊组成的两性花，大多数品种具有自花结实的能力。但生产上也发现有雌雄蕊发育不健全的花，通常包括以下 3 种类型：①雄性不育：花丝短，花药中花粉少，但雌蕊发育正常，异花授粉可以结实；②雌性不育：雄蕊发育正常而雌蕊发育不完全，人工授粉也不能结实；③柱头变黑：不能接受花粉，人工辅助授粉也不能结实。造成草莓花器发育不健全的原因很多，首先，与品种有关，如达那、红鹤等品种的第一、二级花序常出现雄蕊发育不健全的花；其次，与发育时期有关，一般在同一花序中，随着花朵级次的增高，雄蕊的发育程度提高，而雌蕊的发育程度降低；第三，与光温条件有关，低温和短日照是草莓花芽分化的诱导因素，但在花芽分化后的发育期，高温和长日照更有利于光合产物的合成和积累，提高花芽形成的质量。

草莓的花序一般为二歧聚伞花序，但也有多歧聚伞花序。典型的二歧聚伞花序，在花轴的顶端发育成花后停止生长，形成一级花序，在这朵花柄的苞片间长出两个等长花柄，其顶部形成二级花序，再由二级花序的苞片间形成三级花序，依此类推。每个花序有 3～50 朵花，同一品种经多年种植后，若不通过组培等方法进行提纯复壮，花序的总花朵数会减少。由于花序的级次不同，开花先后也不同，一级花序开花最早，然后依次是二级花序、三级花序、四级花序。开花早的果个大，开花过晚的花往往不结果，成为无效花。

（六）果实

草莓果实为聚合果，是由一朵花中多数离生雌蕊聚生在肉质花托上发育而成的，植物学上称为假果。因其果实柔软多汁，栽培学上又称为浆果。根据着生于肉质花托上的离生雌蕊受精后形成的小瘦果在肉质花托表面嵌入的深度不同，分为与表面平、凸出表面和凹入表面 3 种，一般瘦果凸出果面的品种较耐贮运。

草莓从开花到果实成熟所需的天数因品种、栽培方式和气候条件不同而异，一般冬天和早春需 40～60 天，春秋和夏初可缩短为 20～45 天。果实大小与品种、花序类型和气温条件有关。以一级序果为准，一般品种 15～30 克，大果型品种可超过 100 克；不同花序类型中，一般以一级序果最大、二、三、四级序果依次变小；气温方面，通常 11 月至 12 月上旬和翌年 3 月以后成熟的果实，由于气温高，果实生长成熟的时间相对缩短，单果重随之降低；而 12 月中旬至翌年 2 月成熟的果实则因气温低、生育期长而致果实单果重增加。

（七）休眠及其控制

在露地栽培的自然条件下，草莓在秋季经过一段时间的旺盛生长后，随着深秋环境温度降低和日照变短，新出叶逐渐变小，叶柄变短，整个植株矮化，新茎和葡萄茎停止生长，植株进入休眠状态，直至翌年春季温度回升才恢复生长。引起草莓休眠的原因可能与植株体内脱落酸（ABA）等激素的水平有关。草莓的休眠可分为两个阶段，即自然休眠期和强迫休眠期。露地草莓在秋季短日照和低温的作用下进入休眠后，由于本身生理上的需要，草莓植株需要一定的低温积累，这是草莓的自然休眠期。露地草莓在通过自然休眠后，由于外界环境条件不适合，植株仍保持休眠状态，此期为强迫休眠期。草莓品种间休眠深浅存在显著差异，休眠程度的深浅常以植株通过自然休眠所需5℃以下低温的累积量来衡量。通常要求5℃以下低温500小时以上才可打破休眠的品种为深休眠品种，如全明星等；要求5℃以下低温100小时以下即可打破休眠的品种为浅休眠品种，如丰香等；介于二者之间的品种属中等休眠品种，如宝交早生等。

草莓在达到一定的低温累积量、完成自然休眠后，一旦给予稳定适当的光照和温度条件，植株就会开始出叶和开花结果，各种生理活动也相应恢复和加强。生产上利用草莓的这一特性，通过创造一定的条件来抑制休眠或打破休眠，进行草莓的促成栽培和半促成栽培，使草莓的供应期延长。打破休眠的技术措施主要有以下4种。

1. 提早保温　在促成栽培中，对丰香等浅休眠性品种实施提早保温，使草莓植株缺乏低温诱因，可有效地防止植株进入休眠，达到早采收、多采收的目的。长江中下游地区第一次覆膜保温的时间可掌握在10月中下旬，在夜温10℃以下时开始。初覆膜2～3天内要求白天温度达30℃，以后保持在25℃左右，棚内湿度保持在40%～60%。

2. 补充光照　短日照也是草莓进入休眠的诱因，在草莓促成栽培中，采用电照明补光技术，也可抑制草莓进入休眠或解除休眠，补光需要的光照度只要5～10勒克斯即可。

3. 使用赤霉素　对于中深度休眠的品种，仅靠提早保温或补充光照还不能完全抑制休眠，需要结合使用赤霉素来调节植株体内的激素水平。在休眠特性中等品种的促成栽培中，通常在初次保温后 2 周内连续喷施 2 次（间隔 7～10 天）8～10 毫克／升的赤霉素溶液，每次每株喷布 5 毫升左右，喷布后的 2～3 天内，将棚内温度维持在 27～30℃，以后温度保持在 25℃ 左右，将会获得良好效果。

4. 冷藏植株　冷藏植株是人为地给予低温条件，满足品种本身对低温的需求，加速完成自然休眠的方法。植株冷藏处理通常从 11 月上中旬开始，冷藏温度宜控制在 -1～2℃，根据各品种对低温的需求，在自然休眠期通过后再将冷藏植株定植于温室中栽培。

二、草莓生产的生态条件

（一）土壤

草莓适宜在中性或微酸性的土壤中生长，最适的土壤 pH 为 5.8～7，pH 在 4 以下或 8 以上时，草莓植株生长发育不良。草莓喜肥沃的土壤，根系分布层（20～25 厘米的表土层）中有机质含量达 1.5%～2% 时植株生长良好，产量高，品质优。特别是土质疏松、通透性好、地下水位 80 厘米以下的壤土或沙质壤土最有利于草莓生产。而盐碱地、沼泽地、石灰性土壤和黏土则不利于草莓生长；保水保肥能力差的沙壤土通过多施有机肥改良土壤，建立滴灌设施等，也可生产出品质好、熟期早的草莓。

（二）温度

总的来说，草莓生长发育要求较为凉爽的气候条件。但植株的不同器官和不同的生长发育阶段对温度的要求不同。初春草莓根系在地温达到 2℃ 时开始活动，土壤温度达 10℃ 时开始形成新根，根系生长最适的温度为 15～20℃，冬季土壤温度下降到 -8℃时草莓根系就会受到伤害，-12℃时会被冻死。早春气温达 5℃时，植株开始萌芽，茎叶开始生长，地上部生长的最适温度为 15～25℃，光合作用的最适温度为 20～25℃，当温度在 30℃以上时，生长和光合作用会受到抑制。早春如遇 -7℃的低温，草莓地上部分就会受冻；-10℃时大多数植株会冻死。花芽分化的适宜温度为 8～13℃，低于 5℃或高于 17℃花芽分化就会停止。一般草莓在平均气温达到 10℃以上时即可开花，开花期的最适宜温度 25～28℃。花蕾抽生后如遇 30℃以上的高温，花粉则发育不良。花蕾对低温的耐受性也较差，经 -2℃以下低温后直观上能看出雌蕊柱头变褐或黑色，雄蕊花药变黑。开花前中等大小的花蕾，当受低温危害后，直观上看不出变化，但花粉已受害，发芽率很低，不易受精结果或结出畸形果。如花期遇到 0℃以下的低温或霜害时，会使柱头变黑，丧失授粉能力。开花期遇 0℃以下低温或 40℃以上高温，都会阻碍授粉受精的进行，影响种子发育，形成畸形果。结果期白天适温为 20～25℃，夜间适温为 10℃左右。较高的昼温能促进果实着色和成熟，使采收期提前，但果个小。较低的昼温能促进果实膨大，形成大果，但过低的温度，会使果实着色不良。果实的耐低温性次序是大果＞中果＞小果，这主要原因是大果内糖分高，故耐低温性强。开花 10 天内的小果，在 -5℃经 1 小时、-2℃经 3 小时后就变成黑色，并停止生长发育；开花后 20 天的大果在 -5℃经 3～5 小时后果实呈水渍状，但果心部仍是硬的。

但不同草莓品种在不同时期的耐寒性有所不同，在早春晚熟品种比早熟品种耐寒性强，晚秋或初冬早熟品种比晚熟品种耐寒性强。一般冬季最低气温在 -12℃以下的地区，应采取必要的保护措施，使草莓能安全越冬。

（三）光照

草莓是喜光植物，生长发育期光照充足，植株生长旺盛，叶片颜色深，花芽发育好，能获得较高产量。光照不足或种植密度过高，叶柄及花序柄细长，叶色淡，花小或不能开花、果实小，风味酸，着色不良，品质差，产量低。秋季光照不足，则难以形成花芽，根状茎中积累养分少，抗寒力弱；但光照过强，根系生长又会受阻，叶片变小，严重时会造成死苗。另一方面，草莓又是比较耐阴的植物，越冬期在覆盖条件下叶片仍可保持绿色，翌年春季还能继续进行正常的光合作用。

草莓不同生长发育时期对日照长度的要求是不同的，开花结果期和旺盛生长期适宜的光照时间是 12～15 小时，而花芽分化期则需要 8～12 小时的短日照。16 小时以上的日照易造成草莓植株生长过旺，花芽不能形成。诱导草莓休眠需要 10 小时以下的短日照。草莓匍匐茎的形成和生长需要长日照条件，在短日照条件下草莓新茎不能抽生匍匐茎。

在冬季寒冷的地区进行草莓的设施栽培，遇连阴天气时，需要采取电照明补光等应急措施，以促进生长结果。草莓光饱和点为 20 000～30 000 勒克斯，果实发育期光的补偿点为 500～1 000 勒克斯。

（四）水分

草莓对水分的反应比较敏感，加上其根系分布浅、植株小、叶片大、蒸腾作用强，故需要持续充足的水分供应。但草莓也不耐涝，土壤水分过多，通气不良，会造成草莓根系呼吸受阻，生长停止，并发生烂根，根系吸水能力反而降低，严重时叶片变黄、萎蔫、脱落，甚至整个植株死亡。同时，水分过多，也会造成草莓抗病性下降，果实生长期土壤含水量过多，诱导果实发病，导致大量烂果。因此，草莓生产对水分管理的要求是比较高的。

草莓不同的生长发育期对水分的要求是不同的。秋季秋苗定植后，需要充足的水分供应以保证幼苗成活；秋季至入冬前是植株积累养分、进行花芽分化的关键时期，要求水分较少，土壤含水量保持在田间持水量的 60% 左右即可，水分过多，花芽形成数量减少，花芽质量差，茎叶徒长降低越冬期抗性；土壤结冻前应灌一次越冬水，保证土壤有充足的含水量，以防止土壤干裂伤根，并可提高幼苗的抗寒力；春季草莓现蕾至开花期要保证水分供应，土壤含水量应达到田间持水量的 70% 左右，特别是花期对水分反应尤为敏感，应保证土壤含水量在田间持水量的 80% 左右，若此时水分不足，则花瓣不能完全展开或枯萎，花期变短；果实膨大期需水量也大，若此期缺水，则坐果率低，果个小，品质差，产量低；果实接近成熟时应适当控水，以增进果实着色，提高果实含糖量，增加果实硬度，提高果实品质；匍匐茎发生期如果需繁殖更多子苗，应保持土壤含水量在田间持水量的 70% 左右，以促进匍匐茎的发生、生长和及时扎根土壤；匍匐茎生长期如仍以草莓生产为主，不需要繁殖很多子苗，则应适当控水，以减少匍匐茎的发生；伏天植株生长缓慢，只要不太干旱就不需灌水，同时要注意雨后排水防涝。

三、草莓安全生产的环境质量要求

(一) 常规草莓产地环境质量要求

常规草莓生产基地的灌溉水、土壤和空气质量要求分别应符合《农田灌溉水质标准》（GB 5084）中的规定的草本水果生产灌溉水质标准（表 3 - 1）、《土壤环境质量标准》（GB 15618）中规定的土壤环境质量二级标准（表 3 - 2）、《环境空气质量标准》（GB 3095）中规定的空气环境质量二级标准（表 3 - 3）。

表 3-1　GB 5084—2005 中规定的草本水果生产灌溉水质标准

类别	项　　目	指　　标
基本控制项目	5 日生化需氧量（毫克/升）	≤15
	化学需氧量（毫克/升）	≤60
	悬浮物（毫克/升）	≤15
	阴离子表面活性剂（毫克/升）	≤5
	水温（℃）	≤35
	pH	5.5～8.5
	全盐量（毫克/升）	≤1 000（盐碱土地区≤2 000）
	氯化物（毫克/升）	≤350
	硫化物（毫克/升）	≤1
	总汞（毫克/升）	≤0.001
	镉（毫克/升）	≤0.01
	总砷（毫克/升）	≤0.05
	铬（6 价）（毫克/升）	≤0.1
	铅（毫克/升）	≤0.2
	粪大肠菌群数（个/100 毫升）	≤1 000
	蛔虫卵数（个/升）	≤1
选择性控制项目	铜（毫克/升）	≤1
	锌（毫克/升）	≤2
	硒（毫克/升）	≤0.02
	氟化物（毫克/升）	≤2（高氟区≤3）
	氰化物（毫克/升）	≤0.5
	石油类（毫克/升）	≤1
	挥发酚（毫克/升）	≤1
	苯（毫克/升）	≤2.5
	三氯乙醛（毫克/升）	≤0.5
	丙烯醛（毫克/升）	≤0.5
	硼（毫克/升）	≤2

表 3 - 2　GB 15618—2018 中规定的农用地土壤污染风险筛选值和管制值

序号	污染物①	限值类型	土壤类型②	不同 pH 土壤限值（毫克/千克）			
				pH≤5.5	5.5＜pH≤6.5	6.5＜pH≤7.5	pH＞7.5
1	镉	筛选值	水田	0.3	0.4	0.6	0.8
			其他	0.3	0.3	0.3	0.6
		管制值	各种	1.5	2.0	3.0	4.0
2	汞	筛选值	水田	0.5	0.5	0.6	1.0
			其他	1.3	1.8	2.4	3.4
		管制值	各种	2.0	2.5	4.0	6.0
3	砷	筛选值	水田	30	30	25	20
			其他	40	40	30	25
		管制值	各种	200	150	120	100
4	铅	筛选值	水田	80	100	140	240
			其他	70	90	120	170
		管制值	各种	400	500	700	1000
5	铬	筛选值	水田	250	250	300	350
			其他	150	150	200	250
		管制值	各种	800	850	1 000	1 300
6	铜	筛选值	果园	150	150	200	200
			其他	50	50	100	100
7	镍	筛选值	各种	60	70	100	190
8	锌	筛选值	各种	200	200	250	300
9	六六六	筛选值	各种	0.10			
10	滴滴涕	筛选值	各种	0.10			
11	苯并(a)芘	筛选值	各种	0.55			

注：①重金属和类重金属砷（共 8 种）为基本项目，均按元素总量计；六六六为 α-六六六、β-六六六、γ-六六六、δ-六六六 4 种异构体总和；滴滴涕为 p,p′-滴滴伊、p,p′-滴滴滴、o,p′-滴滴涕、p,p′-滴滴涕异构体总和。②对于水旱轮作地，采用其中较严格的风险筛选值。

表 3 - 3　GB 3095—2012 中规定的空气环境质量二级标准

污染物	浓度限值（微克/米³）（标准状态）				
	年平均	季平均	24 小时平均	日最大 8 小时平均	1 小时平均
二氧化硫	60		150		500
二氧化氮	40		80		200
一氧化碳			4 000		10 000
臭氧				160	200
颗粒物（粒径≤10 微米）	70		150		
颗粒物（粒径≤2.5 微米）	35		75		
总悬浮颗粒物	200		300		
氮氧化物	50		100		250
铅	0.5	1			
苯并（a）芘	0.001		0.002 5		

注：①年平均是指一个日历年内各日平均浓度的算术平均值；②季平均是指一个日历季内各日平均浓度的算术平均值；③24 小时平均是指一个自然日24 小时平均浓度的算术平均值；④日最大 8 小时平均是指一个自然日中连续8 小时平均浓度的算术平均值；⑤1 小时平均是指任何 1 小时污染物浓度的算术平均值。

（二）绿色食品草莓产地环境质量要求

根据《绿色食品　产地环境技术条件》（NY/T 391—2013）的规定，绿色食品草莓生产应选择在生态环境良好、无污染的地区，应远离工矿区和公路铁路干线，避开各种污染源的影响，并应具有可持续的生产能力。其土壤、灌溉水和空气的具体质量要求如表 3 - 4 至表 3 - 6 所示。

表3-4 绿色食品草莓产地的土壤环境质量要求

项 目	含量限值（毫克/千克）		
	pH＜6.5	pH6.5～7.5	pH＞7.5
总镉≤	0.30	0.30	0.40
总汞≤	0.25	0.30	0.35
总砷≤	25	20	20
总铅≤	50	50	50
总铬≤	120	120	120
总铜≤	50	60	60

表3-5 绿色食品草莓灌溉水质量要求

项 目	绿色食品浓度限值
pH	5.5～8.5
总汞（毫克/升）	≤0.001
总镉（毫克/升）	≤0.005
总砷（毫克/升）	≤0.05
总铅（毫克/升）	≤0.10
铬（六价）（毫克/升）	≤0.10
氟化物（以 F^- 计）（毫克/升）	≤2.0
化学需氧量（CODcr）（毫克/升）	≤60
石油类（毫克/升）	≤1.0
粪大肠菌群数（个/升）	≤10 000

表3-6 绿色食品草莓产地环境空气质量要求（标准状态）

项 目	绿色食品产地浓度限值	
	日平均	1 小时平均
总悬浮颗粒物（毫克/米³）≤	0.30	—
二氧化硫（毫克/米³）≤	0.15	0.50
二氧化氮（毫克/米³）≤	0.08	0.20
氟化物（微克/米³）≤	7	20

注：日平均是指任何一日的平均浓度；1 小时平均是指任何 1 小时的平均浓度。连续采样 3 天，一天 3 次，晨、午和夕各 1 次。

（三）有机食品草莓产地环境质量要求

根据《有机产品 第1部分：生产》（GB/T 19630. 1—2011）的规定，有机生产需要在适宜的环境条件下进行。有机生产基地应远离城区、工矿区、交通主干线、工业污染源、生活垃圾场等。产地的环境质量应符合土壤环境质量符合 GB 15618 中的二级标准（表3-2）、农田灌溉用水水质符合 GB 5084 的规定（表3-1）、环境空气质量符合 GB 3095 中二级标准（表3-3）。

四、产地环境质量的控制

（一）各种环境污染物的主要污染来源

1. 总悬浮颗粒物 以煤为主要能源的工矿企业排放的烟尘及冶金企业排放的含极细金属微粒的飘尘。

2. 二氧化硫 燃烧含硫的煤、石油和焦油时产生。

3. 氮氧化物 汽车、锅炉及某些药厂排放的废气，在塑料大棚中施氮肥过多时土壤发生脱氮反应放出二氧化氮。

4. 氟化物 磷肥、冶金、玻璃、搪瓷、砖瓦等生产企业及以煤为主要能源的工厂排放出的废气。

5. 镉 金属矿山、金属冶炼厂及以镉为原料的电镀、电机、化工等工厂排放的"三废"。

6. 汞 矿山、汞冶炼厂、化工、印染、涂料等工厂排放的"三废"，有机汞和无机汞农药。

7. 砷 造纸、皮革、硫酸、冶炼、农药、化肥等工厂排放的"三废"，燃烧煤炭，福美胂、砷酸钙等含砷农药。

8. 铅 以汽油为燃料的机动车尾气，有色金属冶炼、煤炭燃烧及油漆、涂料、蓄电池的生产企业排放的"三废"。

9. 铬 冶金、机械、金属加工、汽车、制革、化工、医药等生产企业排放的"三废"。

10. 镍　镍和钢铁冶炼、镀镍工业、金属加工业、机器制造业的废水和废气，富镍的岩石风化。

11. 苯并(a)芘　存在于煤焦油、各类炭黑和煤、石油等燃烧产生的烟气、香烟烟雾、汽车尾气中，以及焦化、炼油、沥青、塑料等工业污水中。地面水中的苯并(a)芘除了工业排污外，主要来自洗刷大气的雨水。

12. 粪大肠菌群　是生长于人和温血动物肠道中的一组肠道细菌，随粪便排出体外，受粪便污染的水、食品、化妆品和土壤等物质均含有大量的粪大肠菌群。

(二) 控制草莓产地环境质量的主要措施

1. 选择符合草莓安全生产环境质量要求的产地　符合草莓安全生产环境质量要求的产地选择主要包含 3 个环节：一是《中华人民共和国农产品质量安全法》规定，县级以上地方人民政府农业行政主管部门按照保障农产品质量安全的要求，根据农产品品种特性和生产区域大气、土壤、水体中有毒有害物质状况等因素，认为不适宜特定农产品生产的，提出禁止生产的区域，报本级人民政府批准后公布；二是草莓生产者在安排草莓生产计划时，应对拟安排草莓生产的区域是否符合草莓安全生产产地的相关标准作出基本的判断，必要时委托检测机构进行检测；三是草莓生产基地申请安全生产认证时，由相关认证机构对草莓生产基地的环境质量进行认证。

2. 保护草莓产地不受污染　①不在草莓产地周围设置污染源，特别是工矿企业；②不让工业"三废"和城市生活垃圾排放到草莓产区；③使用的肥料（包括有机肥）、农药和农膜等农业投入品应符合相应的产品质量标准，并按照合理使用规范使用；④设施栽培的草莓特别要避免过量使用氮肥；⑤灌溉时确认所用的灌溉水未受污染。

第四章
优 良 品 种

一、红　　颜

　　红颜又名红颊（赤ほつぺ），由日本静冈县农业试验场育成，亲本为章姬×幸香。该品种休眠浅，适合日光温室和大棚促成栽培。植株生长旺盛，株高 20 厘米左右，明显高于丰香。叶片大、较厚，长圆形，深绿色，叶片较软，叶缘锯齿钝，叶柄基部红色，叶片数比丰香少 1～2 片。根系生长能力和吸收能力强，主要分布在 25 厘米的土层内。匍匐茎白色，较粗，平均每一母株可繁殖子苗 65 株左右。花序二歧分枝，单株花序 3～4 个，花序长 15～24 厘米，花瓣 5～8 枚，单株花朵数 26 个左右。果实圆锥形，端正整齐，畸形果少，果面鲜红色，平整有光泽，外观漂亮。果肉粉白色，肉质脆密，髓心实，果汁多，香味浓，降酸快，食味甜，可溶性固形物含量 10％左右。日光温室栽培，一级序果平均重 30 克左右，但二级序果和三级序果较小。果实硬度中等，较耐贮运。对白粉病、黄萎病及芽枯病的抗性比丰香高。在浙江建德，4 月上旬母株开始抽发匍匐茎，8 月下旬花芽分化，大棚设施栽培 9 月上中旬定植，能在 11 月中旬开花，12 月中旬开始采摘。一年共可抽发 4 次花序，各花序可连续开花结果，中间无断档，直至翌年

5 月采摘结束。在辽宁沈阳，日光温室栽培 10 月上旬扣棚膜，11 月上旬开花，翌年 1 月上旬果实成熟开始采摘，每公顷产量 22.5 吨左右。缺点是对炭疽病和灰霉病的抗性比丰香弱，耐热耐湿能力也较弱。

二、章　姬

章姬是日本品种，以久能早生与女峰杂交育成。早熟，适于保护地栽培。果实大，长圆锥形，一级序果平均重 30～40 克，果色鲜红美观，可溶性固形物含量 12% 左右，果实充分成熟后品质极佳。对白粉病、黄萎病、灰霉病抗性优于丰香，但对炭疽病抗性弱。果实柔软多汁，耐贮运性较差。比丰香容易栽培，适于城郊种植。

三、丰　香

丰香由日本农林水产省蔬菜试验场久留米分场育成，亲本为绯美子×春香。该品种株型开张，生长势强，匍匐茎抽生能力中等。叶圆形，较大，叶色绿，较厚，叶面平展。单株着生花序 3 个，花序梗斜生，低于叶面，每序上着花 6～7 朵。果实圆锥形，鲜红色，有光泽，外观漂亮，平均单果重 16 克。果肉白色，果汁多，酸甜适中，香味浓，可溶性固形物含量 9%～11%，品质优良。果实硬度中等，比明宝等品种耐贮运。丰产性好，株产 130 克左右，商品果率 75%～80%。该品种休眠浅、早熟，花芽分化早，是保护地栽培的优良品种，温室栽培中能连续发生花序，采收期长达 3 个月以上。主要缺点是抗白粉病能力弱。

四、佐贺清香

佐贺清香是日本品种，由丰香作母本、大锦作父本，杂交育成。株型直立，长势强，分蘖枝较少，叶片肥大，叶色浓绿。果大，圆锥形，果肉白黄色，果面鲜红色有光泽，如果干旱缺水，则一级序果易出现果面不平滑症状。棱沟果、畸形果比丰香发生率低，商品果率高，果皮、果肉硬度比丰香略高。果实糖度 8%～11%，酸度比丰香低，甜味较浓，但日照条件不足时含糖量下降比丰香明显。为采收更多优质甘甜的果实，应注意适期摘果和增加光照。该品种花芽分化比丰香略早，休眠期较短，辽宁丹东地区温室栽培 9 月初栽植，10 月初覆膜保温，11 月中旬现蕾，采收期为 12 月下旬至翌年 6 月，每公顷产量 30 吨以上，比丰香增产 10%左右。花粉对高低温的耐性优于丰香，但土壤干旱时容易发生青枯病，果实对含有黏着剂的农药比较敏感，易产生药害。

五、甜查理

甜查理（Sweet Charlie）是美国品种。果实形状规整，圆锥形。果面鲜红色，有光泽，果肉橙红色，可溶性固形物含量高达 12%，甜脆爽口，香气浓郁，适口性极佳。果较硬，较耐贮运。花较大，雌蕊高，花梗粗壮，每株有花序 6～8 个，每序有花 9～11 朵，自开花至果实成熟约需 40 天，一级花序单果重 40～50 克。丰产性强，单株结果平均达 500 克以上，露地每公顷产量可达 45 吨以上。植株健壮，叶片宽大敦厚，叶色浅绿，须根多而发达，芽萌发力强，新苗形成花芽快。一般 10 月下旬扣棚，采果期可从 12 月中旬一直延续到翌年 5 月中旬，平均单株全期产量达 450～500 克，每公顷 50 多吨。高抗灰霉病、白粉病和黄萎病，对其他病害抗性也很强，很少有病害发生。对高温和低温的适应能力强，休眠期短，早熟，适合我国南方地区大棚或露地栽培。

六、吐　德　拉

　　吐德拉（Tudla）由西班牙 Pianasa 种苗公司以弗杰利亚为亲本杂交育成。该品种吸收根相当发达，移栽后发苗快，生长旺盛，株型大，叶片多，叶色深绿，花托长，花和叶片平齐，大多数花为单花序。果实呈长圆锥形或长楔形，果型大，大果率高，一级序果平均重 40～50 克。果面鲜亮红色，有光泽，可溶性固形物含量 7％～9％，酸甜适中，硬度大，耐贮运。对草莓的主要病虫害抗性强，较丰香抗灰霉病和白粉病。休眠期短，早熟，适于北方促成和半促成温室或拱棚栽培及南北方露地栽培。丰产性强，采收期可持续 4～5 个月，且在整个采收期内，产量分布均匀，设施栽培条件下单株产量 300～600 克，每公顷产量 30～60 吨。主要缺点是风味稍淡。

七、达赛莱克特

　　达赛莱克特（Darselect）是法国品种。植株生长势强，株型较直立，叶片多而厚，深绿色。果实圆锥形，果形漂亮整齐。果个大，一级序果平均重 30～40 克。果面深红色，有光泽，果肉全红，质地坚硬，耐贮运。果实品质优，香味浓，酸甜适度，可溶性固形物含量 9％～12％。丰产性好，单株产量 300～400 克，保护地栽培每公顷产量 45～60 吨，露地栽培每公顷 30～45 吨。抗病性和抗寒性较强，早中熟，适合于露地和半促成栽培。缺点是多雨季节有少量裂果。

八、卡姆罗莎

卡姆罗莎（Camarosa）由美国加州大学育成，亲本为道格拉斯×CAL 85.218－605。该品种休眠较浅，早熟，适合促成栽培。植株生长势强，株型直立，半开张，株高 22～30 厘米，冠径 27～30 厘米。叶片多而大、较厚，椭圆形，浅绿色，有皱褶，叶缘锯齿钝。花序 3～7 个，多数为单花序，长 12～20 厘米。果实长圆锥形或楔形，果形整齐，果面平整光滑，深红色，有明显的蜡质光泽，外观艳丽。一级花序单果重 30～52 克。果肉红色，细密坚实，果汁多，香味浓，硬度大，耐贮运。丰产性和适应性强，抗灰霉病和白粉病，保护地条件下，连续结果可达 6 个月以上，每公顷产量可达 50～60 吨。缺点是果实可溶性固形物较低，完熟后颜色变成暗红色，影响商品价值。

九、幸　香

幸香（Sachinoka）由日本农林水产省蔬菜试验场久留米分场以丰香与爱美杂交育成。果实圆锥形，果形整齐，果面深红色，有光泽，外形美观，果实在低温少日照期仍着色良好。一级花序单果重 20 克左右。果肉浅红色，肉质细，香甜适口，汁液多，可溶性固形物含量 10％左右。果实硬度比丰香大，耐贮运，糖度、肉质、风味及抗白粉病能力均优于丰香。植株长势中等，较直立。叶片较小，新茎分枝多，单株花序数多。植株休眠浅，适合南方地区促成栽培。

十、枥乙女

枥乙女由日本枥木县用久留米 49 号与枥峰杂交育成。植株长势强旺，叶色深绿，叶大而厚。果形大，圆锥形，鲜红色，具光泽，果面平整，外观品质好。果肉淡红，果心红色，果汁多，酸甜适口，品质优。果实较硬，耐贮运性和抗病性均较强。中熟品种，丰产性优于女峰。

十一、北 辉

北辉（北の輝）由日本农林水产省蔬菜茶业试验场盛冈支场育成，亲本为ベルルージコ×Pajaro。该品种休眠较深（需冷量 1 000～1 200 小时），晚熟，适合冷棚栽培。植株生长势较强，株型直立，株高 20～28 厘米，冠径 37～39 厘米。叶片大而硬，较厚，叶色深绿，茸毛多，叶缘钝。花序 2～4 个，二歧分枝，株均花朵数 19 个。果实短圆锥形，果形整齐，果面红色光亮。果肉粉白色，髓心实，肉质致密，果汁多，甜酸适口，一级序果平均重 22～25 克，可溶性固形物含量 8％左右。果实硬度大，耐贮运。适应性强，抗病性中等，较抗白粉病。在沈阳地区冷棚早熟栽培，12 月初（土壤封冻前）扣棚膜，土壤完全封冻时在草莓植株上覆盖地膜并在地膜上覆盖 10 厘米厚的稻草。3 月上中旬撤覆盖物，植株开始生长时破膜提苗。始花期 4 月中下旬，5 月上中旬开始成熟采摘，采果盛期为 5 月下旬至 6 月下旬，每公顷产量 20～24 吨。

十二、早 明 亮

早明亮（Earlibrite）由美国佛罗里达州农业试验站育成，杂交亲本为 Rosa Linda×FL 90‐38。该品种休眠较浅，适合冷棚早熟栽培。植株生长旺盛，半开张，株高 25 厘米左右，冠径 35～38 厘米。叶片大而厚，浅绿色。花序 3～7 个，单花序或二歧聚伞花序平均每株花数 25 朵。果实圆锥形，果形漂亮，果面深橙红色，有光泽，一级序果平均重 20 克左右。果肉浅橙红色，髓心实，果实硬度大，耐贮运。果实可溶性固形物含量 6% 左右，果汁多，甜酸适口，风味浓郁。对草莓白粉病和灰霉病抗性较强。在沈阳地区冷棚早熟栽培，始花期 4 月上旬，5 月上旬开发成熟采摘，5 月中旬至 6 月上旬为采果盛期，每公顷产量 25～30 吨。

十三、加州巨人 2 号

加州巨人 2 号（Cal Giant 2）由美国加州巨人公司育成。该品种休眠中等，适合冷棚早熟栽培。植株生长势较强，半开张，叶片大而厚，株高 20 厘米左右，冠径 34～46 厘米。花序 2～6 个，多数为单花序，平均每株花数 21 朵。果实长圆锥形，果面鲜红色，有光泽，果实较大，一级序果平均单果重 25 克左右，硬度较大，耐贮运性强。果肉多汁，可溶性固形物含量 7% 左右。在沈阳地区冷棚早熟栽培，始花期 4 月上中旬，5 月中旬果实开始成熟采摘，盛果期 5 月下旬至 6 月中旬，每公顷产量 25～28 吨。

十四、瓦　　达

瓦达是以色列品种。早中熟，植株生长旺盛，叶片大，绿色，果实深红色，鲜亮有光泽，酸甜适中，单果重 70～100 克。硬度大，耐贮运性极强，在 15℃ 的环境下，放置 6 天不软化。对灰霉病等病害的抗性很强。在山东招远日光温室栽培，9 月下旬至 10 月初定植，10 月中下旬霜冻到来前扣棚，保温 10 天左右后铺地膜，11 月中下旬气温下降时加盖草帘，春节前可成熟上市，每公顷产量可达 50～60 吨。

十五、森加森加拉

森加森加拉（Senga Sengana）由德国 Luckenwalde 州立实验站育成，亲本为 Markee×Sieger。中晚熟，适于露地栽培。该品种生长健壮，叶片颜色深，呈蓝绿色。单株花序数 3～9 个，果实圆锥形，中等大小，一级序果常具棱沟。果面及果肉均呈深紫红色，味酸甜，可溶性固形物含量 7%左右，果较硬，易除萼。与常规品种相比，其匍匐茎繁苗能力较弱，生产上结完果的苗一般每株只能繁殖 5～10 株，但利用组培苗春季定植繁苗时当年每株能繁殖 20～50 株。由于繁殖能力不强，因此欧洲一些国家常用多年一栽的地毯式栽植，可维持 4 年仍保持较高的产量。抗病力较强，尤其是对主要叶部病害抗性突出。收获期较短，一般为 15～20 天。丰产性极强，露地栽培时，一般产量 25～35 吨/公顷，比一般品种高 1/2 甚至 1 倍。鉴于它丰产性极强、果肉深紫红色、易除萼等，因此成为优良加工或速冻品种。

十六、弗杰尼亚

弗杰尼亚（杜克拉）是西班牙品种。休眠期短，早熟，适于保护地栽培。植株健壮，生长势强。叶片大，呈黄绿色，果实宽楔形至长圆锥形，鲜红色，果面有明显光泽。果大，平均单果重 30～40 克。果实硬度好，耐贮运性强。抗病性和丰产性均很好，日光温室栽培可多次结果，每公顷产量可高达 60 吨。缺点是品质稍差，露地栽培产量低。

十七、金 三 姬

金三姬是日本品种。株型直立，长势强，植株高 20 厘米左右。早熟（与丰香相当或略早），大棚促成栽培顶花序果可在 11 月下旬开始采收上市，采收高峰在翌年 1 月上中旬。第一次腋花序果 2 月上旬开始采收，3 月上中旬为采收高峰期。果形大，长圆锥形，香甜少酸，色泽鲜艳光亮，品质优，产量高，对白粉病抗性较强。但果实偏软，宜近距离销售。栽培上育苗要适当密植，优质无病种苗密度以每公顷 2.25 万～3 万株为宜。防止高温干旱，重点防治炭疽病、叶斑病、蚜虫等病虫害。可采取遮阳和避雨育苗，梅雨季节定期喷药防病，伏旱季节小水勤灌或微喷灌，保持土面湿润。适当早栽，于 8 月下旬至 9 月上旬前定植，可适当密植，以每公顷 1 万～1.2 万株为宜。肥料以腐熟有机肥为主，化肥适量，并重施磷钾肥，追肥少量多次；采用滴灌技术，切勿大水漫灌，保证优质大果生产对肥水的均衡需求。花序抽生较长，可不用激素调节。自花授粉能力不如明宝、丰香等，因此必须要放养蜜蜂传粉和花期喷 2～3 次 0.2% 的水溶性硼肥，以提高授粉效果。

十八、枥木少女

枥木少女是日本品种。株型较为直立，长势强，株高15～18 厘米。果形大、色深红，品质优且稳定。早熟，大棚促成栽培顶花序果略早于丰香，可在 11 月下旬开始采收上市，采收高峰在 1 月上旬。但第一次腋花序果采收迟于丰香，2 月下旬开始采收，4 月上中旬为采收高峰期。该品种产量高，特别是早期产量尤为突出，且果实硬度较大，对白粉病抗性较强，很适合于促成早熟栽培和远途销售。栽培上因繁苗较困难且较感枯萎病、黄萎病等，育苗田最好选择水旱轮作地和无病沙质壤土或进行土壤消毒处理，防止土传病害的发生。育苗期适当密植，以优质无病种苗每公顷 2 万～2.5 万株为宜，育苗地增施有机肥和磷、钾肥的同时要增施钙肥，注意防止高温干旱，不过干或过湿，防止匍匐茎尖枯症，高温期间覆盖遮阴（遮阴率50%~60%）降温，避雨育苗。花芽分化较为容易，育苗后期（8月中旬至9月上旬）可采取适度控水控肥措施，但不可断肥过早或过头，否则会引起着花数减少和减产。强调大棚有机肥和磷钾肥的投入，重视平衡肥水供给，确保持续增产。现蕾初期和侧花序抽生期，用1次低浓度的生长激素（赤霉素一般用量3~5毫克/千克）。大棚极早熟促成栽培定植期可提早于8月下旬或9月上旬，不可过迟，并适度密植（每公顷10万株左右）。其定植缓苗期较丰香、明宝早4~5天，因此要多带土和保湿，并遮阴，以加快成活、防止死苗。结果期不要过度摘叶，适当保留绿色功能叶片和1~2个侧芽，维持植株良好生长势。

十九、宝交早生

宝交早生由日本兵库试验场以八云与塔号（Tohoe）杂交育成。植株长势中等，株型较开展。叶片中等大小，长圆形，叶色绿，叶面平展光滑。每株着生花序3个，花序梗斜生，高于叶面，每花序上着花6朵。果实中等大小，平均单果重10~12克。果实整齐，圆锥形，果面鲜红色，有光泽，果心不空虚，淡红色，果肉白色，肉质细软，风味甜浓微酸，鲜食品质优良，但果面柔软，不耐贮运。在南京地区露地栽培发芽期在3月初，开花期在4月7~12日，开始采收期在5月7~8日。丰产性能较好，平均单株产量120~160克。植株耐热性中等，在夏季高温干旱的条件下，好叶率保持在50%左右。抗病性中等，但比大多数日本品种（如丰香、明宝等）抗病性强。在我国南方地区栽培，需要加强夏季育苗管理。

二十、明　宝

　　明宝由日本兵库农业试验场以春香与宝交早生杂交育成。株型较为直立，长势中等偏强，株高 15 厘米左右。叶片中等大小，长圆形，叶较厚，绿色，叶柔软，无光泽。每单株着生花序 3 个，花序梗斜生低于叶面，每序上着花 7 朵。果实中等略偏大，平均单果重 8 克左右，短圆锥形，果面平整，粉红至鲜红色，稍有光泽，果肉白色，肉质松软，果心不空虚，白色微红，汁多，味香甜而少酸，鲜食品质优良。熟期比丰香稍迟，大棚促成栽培顶花序果可在 12 月中旬开始采收上市，采收高峰在 1 月中下旬。但第一次腋花序果采收迟于丰香，2 月中旬开始采收，3 月中下旬为采收高峰期。休眠浅，花序耐低温性强，连续结果能力强，适于一般大棚促成栽培。但果实硬度小，仅适于近距离销售。对白粉病抗性强于丰香，但对黄萎病抗性弱。产量中等，但在大棚栽培温度较低时比丰香易获得高产。

二十一、鬼怒甘

　　鬼怒甘是由日本枥木县通过女峰营养体突变选育而成。株型直立，长势强，植株高 18 厘米左右。熟期比丰香稍迟，大棚促成栽培顶花序果可在 12 月上中旬开始采收上市，采收高峰在 1 月中下旬。但第一次腋花序果采收迟于丰香，2 月中旬开始采收，3 月下旬为采收高峰期。果形较大，色泽鲜红光亮，品质较优，产量较高，对白粉病抗性较强，但硬度偏软，适于一般大棚促成栽培。栽培上注意培育花芽分化早的健壮苗。育苗田加强肥水管理，重视防治叶面病害。采用假植育苗，育苗后期要适度控水控肥，促进花芽早分化。因株态直立，可适当密植，以每公顷 10 万～12 万株为宜。比丰香少摘叶，因着花数较多、可适当疏花疏果。株势较旺，要防止早衰、重视补施肥水。

二十二、法 兰 蒂

植株根系粗壮，生长势强，叶片数多。花序低于叶面，花果数较多，果实平滑，无沟，果尖着色较青，果形大，单果重20 克左右，高的可达 40 克以上，品质优，产量高，耐贮运。该品种对白粉病抗性强，但易感黑霉病。

二十三、帕 罗 斯

帕罗斯是意大利品种，由 Marmolada Onebor 与伊尔维尼杂交育成。中早熟，果实较大，圆锥形或长圆锥形，果面橘红色，有光泽，果皮和果肉硬度大，品质中等。植株长势中等，抗草莓轮斑病和叶斑病，但对草莓炭疽病和草莓细菌性角斑病敏感。保护地栽培，第一茬果产量较高。

二十四、昂 达

昂达是意大利品种，由优系 83.521 和 Marmolada Onebor 杂交育成。果实为宽圆锥形（一级序果）至圆锥形，果面橘红色，有光泽，品质中等。果实除萼容易。植株生长势中等，抗土传真菌病害，抗黑色轮斑病和炭疽病，但对白粉病和细菌性角斑病敏感。昂达定植时期宜早一些，才有利于获得高产。

二十五、帕 蒂

帕蒂是意大利品种，由哈尼与 Marmolada Onebor 杂交育成。果实圆锥形，中等大小，果皮橘红色，有光泽，果皮和果肉硬度中等，品质中等，有香味。植株长势中等，新茎分枝数量多。帕蒂植株抗白粉病和土传真菌病害，但对细菌性角斑病敏感。塑料大棚栽培，用粗壮的冷藏苗，秋季采收，产量高。该品种在未熏蒸的低肥力土壤栽培仍表现很好，适合有机栽培。

二十六、宏　　大

宏大系意大利品种，由 Sel. 83. 58 与 Marmolada Onebor 杂交育成。晚熟品种，适应意大利北部的气候条件，在山区的表现更好。果实圆锥形，有时呈不规则形，果个大，一级序果单果重常超过 100 克，果面橘红色，有光泽，但在高温低光照条件下常着色不良，果皮和果肉较硬，风味和香味均浓。植株长势旺，形成新茎分枝多，高垄栽培时易导致植株郁闭，抗黑色轮斑病和炭疽病等土传病害，但对白粉病和细菌性角斑病敏感。丰产性极强。

二十七、石莓 3 号

石莓 3 号由河北省农林科学院石家庄果树研究所杂交育成。中早熟，生长势和繁殖力强，适合露地和半促成栽培。果实圆锥形，果面平整，鲜红色，有光泽，平均单果重 31 克，最大单果重 166.7 克，种子黄色，陷入果面较浅，萼片多层翻卷。果肉橘红色，肉质细，果汁多，味酸甜，有香味，品质优良。丰产性好，平均株产 468 克，每公顷产量可达 60 吨以上。果肉硬度中等，较耐贮运。但该品种不抗叶斑病。

二十八、石莓 4 号

石莓 4 号由河北省农林科学院石家庄果树研究所以宝交早

生为母本、石莓1号为父本杂交育成。早熟，丰产，适合露地和保护地促成栽培。果实圆锥形，橘红色，美观，无畸形果，香味浓郁，果实整齐度极高，1～4级序果平均果重21.7克，最大果重75克。果肉淡红色，肉质细，果汁中偏多，髓心小。种子黄绿色，中等大小，种子稍陷入果面。较耐贮运，耐花期低温，抗叶斑病和灰霉病。但保护地栽培需注意防治白粉病，露地栽培需注意防治蚜虫、白粉虱。

二十九、明　　晶

明晶由沈阳农业大学自美国引进的日出（Sunrise）品种的自然杂交实生苗中选育而成。早中熟，适合露地和保护地栽培。植株生长势强，株型较直立，丰产性好。果实短圆锥形，平均单果重27.2克，最大果重43克。果面红色，有光泽。果肉红色，致密，髓心小，稍空，风味酸甜爽口。果皮韧性好，果实硬度大，耐贮运。种子黄绿色，平嵌于果面。抗逆性和抗寒性强，在寒冷地区栽培冻害轻，并能耐晚霜冻害。

三十、星都2号

星都2号由北京市农林科学院林业果树研究所育成。早熟，适合露地和保护地促成或半促成栽培，温室促成栽培果实可在1月成熟上市。植株生长势强，株态较直立。果实圆锥形，红色略深，有光泽。平均单果重27克，最大果重59克。外观上等，风味酸甜适中，香味较浓，果肉红色，肉质中上等。果实硬度大，耐贮运。种子黄绿红色兼有，平或微突出果面，种子分布密。丰产，一般每公顷产量可达27～30吨。

三十一、硕　　露

硕露由江苏省农业科学院园艺研究所选育而成。早熟，休眠中等偏深，适于露地或半促成栽培。植株长势强，株态直立，耐热性强，抗叶部病害，适应性广。果实纺锤形，平均单果重 17 克，最大果重 30～45 克。果面平整，鲜红色，光泽强。果肉红色，细韧，髓心小，甜酸适中。种子黄绿色，平嵌于果面，果实硬度大，耐贮运性和加工性能好。

三十二、红　　丰

红丰由山东省农业科学院果树研究所杂交育成。早熟，适宜于我国中北部草莓栽培区的露地或半促成栽培。植株生长势强，丰产性好。果实圆锥形，平均单果重 13.4 克。果面鲜红色，有光泽，外观美。果肉橙红色，质细，甜酸适中。果实硬度大，耐贮运。

三十三、港　　丰

港丰是从丰香变异株系中选出的优良单株培育而成。植株半开张，生长势强，叶片椭圆形，较大，叶色浓绿，匍匐茎抽生能力特强，花序抽生量大，平于或高于叶面，果色鲜红，果肉浅红，果实甜香，口感好。果实硬度好，可长距离运销。一级果均重 42 克，最大单果重 98 克，该品种对白粉病抗性较强，适宜温室栽培，每公顷产量可达 45～50 吨。

三十四、全　明　星

该品种原产于美国的马里兰州，为中早熟品种，植株健壮，抗病力极强，具有抗根腐烂及抗黄萎病的特点，叶子不易染灰霉病，果实大，平均单果重 17.5 克，最大单果重 35 克。果肉、果皮均为红色，风味甜酸适中，可溶性固形物含量 10.1％，果实坚硬，匀称，有光泽，极耐贮运，丰产性好。

三十五、玛 利 亚

玛利亚为西班牙品种，中晚熟，植株健壮，生长势强，较开张，株高 30 厘米，冠径 35 厘米；自花结实能力强，花序坐果率 95％左右；果个大，平均单果重 32 克；果实短圆锥形或近圆球形，色泽鲜艳，肉质细腻，香味浓，汁多，酸甜适口；硬度中等，较耐贮运；品种适应性广，抗病丰产。

三十六、华 艳

华艳是由中国农业科学院郑州果树研究所草莓课题组经过杂交选育，亲本为达赛×章姬，具有丰产、早熟、口感香甜、耐贮运的特点，抗炭疽病、白粉病、灰霉病，适合全国多数地区促成栽培。

三十七、晶 瑶

晶瑶是湖北省农业科学院以幸香为母本、章姬为父本杂交育成的早熟草莓新品种，其休眠期短，果实呈略长圆锥形，表面鲜红色；果实整齐，一级序果平均单果重 29.6 克，肉质细腻，香味浓，口感好，耐贮运；丰产性好，抗白粉病能力强。

三十八、白雪公主

白雪公主是北京市农林科学院林业果树研究所培育的新品种。株型小，生长势中等偏弱，叶色绿，花瓣白色。果实圆锥形或楔形，较大，最大单果重48克；果面白色，光泽强；种子红色，平于果面；萼片绿色，着生方式是主贴副离，萼片与髓心连接程度牢固不易离；果肉白色，果心色白，果实空洞小；可溶性固形物含量9％～11％，风味独特；抗白粉病能力强。

三十九、越　　心

越心是浙江省农业科学院以03－6－2品系（卡姆罗莎×章姬）为母本、幸香为父本杂交育成的草莓新品种。植株侧枝抽生能力强，株型直立；早熟，较耐低温弱光；果实短圆锥形或球形，果面平整，浅红色，光泽强，含糖量高，风味好，单果重14.7克；中抗草莓炭疽病、灰霉病，感白粉病。

四十、小　　白

小白是北京市农业技术推广站从组培苗变异株选育而成的。该品种植株高大，分茎数较少，单株花序3～5个，花茎粗壮坚硬直立，花量较少，顶花序8～10朵，侧花序5～7朵，花朵发育健全，授粉和结果性好。果实长圆锥形，顶果特大，短圆锥带三角形；3月之前的果实为白色或淡粉色，4月以后随着温度升高和光线增强会转为粉色，果肉为纯白色或淡黄色；口感香甜，吃起来有黄桃的味道，可溶性固形物含量14％以上。休眠浅但不耐连续低温，抗白粉病能力较强。

四十一、赛娃（四季性品种）

赛娃自美国引入，大果型品种，稳产高产。平均单果重约31克，最大单果重量能够达到138克。单株累计产量600～900克，最高株产可达1 250克。温室和露地均适宜栽植，一年中秋季果实品质最好，产量最高。

四十二、三星（四季性品种）

三星引自于美国；平均单果重11～13克，最大单果重量可达到15克；早熟，产量高，耐贮运；每年4月下旬开始第一次采收，采收期能够持续到8月中旬，一年能够进行3批采收，采收持续期74天，适于我国南方地区栽培。

四十三、夏公主（四季性品种）

夏公主是由日本长野县南信农业试验场用（丽红×夏芳）的后代与女峰杂交育成，2003年获得品种登记。该品种株型开张，长势较强，匍匐茎较多；果实圆锥形，大小适中，果皮亮红色，光泽好，果肉黄白色，果心白色；可溶性固形物含量和酸度适中，口感好；丰产性好，等外品少；不耐贮运，货架期短；对白粉病和黄萎病抗性较弱，对炭疽病抗性较强。

四十四、公四莓1号（四季性品种）

公四莓1号是吉林省农业科学院果树研究所杂交培育的新品种；匍匐茎具有较强的抽生能力，果实甜酸可口；一级序果

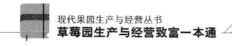

平均果重 23 克，最大果重可达 36 克，全年单株均产约 350 克；适应性强，不但能够在露地进行栽培，也可以在保护地进行栽培；露地栽培每年有 4 个月的采收期，从 6 月中下旬开始采收，到 10 月末结束。

第五章
无病毒苗培育

草莓无病毒苗与常规带病毒苗相比，具有长势旺盛、果数较多、果型增大、产量和品质明显提高的特点。长期以来，我国大多数草莓产区都依靠传统的匍匐茎分株繁殖法生产种苗，危害草莓的病毒也随连年的草莓苗无性繁殖而不断积累和扩大传播，草莓病毒病的发生危害逐年加重，成为草莓的主要病害之一。在我国，危害草莓的病毒病主要有草莓斑驳病毒（SMoV）、草莓轻型黄边病毒（SMYEV）、草莓镶脉病毒（SVBV）、草莓皱缩病毒（SCrV）4 种。目前，控制草莓病毒病最根本有效的方法就是培育和利用无病毒种苗。

一、种苗脱毒

（一）茎尖培养脱毒法

1. 直接茎尖培养脱毒法　预备加有 0.5 毫克／升 6 -苄氨基嘌呤（6 - BA）和 0.2 毫克／升赤霉素（GA$_3$）的 MS 诱导培养基（蔗糖 3％，琼脂 0.8％，pH5.6），分装于 100 毫升的玻璃瓶中，每瓶装 30～40 毫升培养基。摘取田间旺盛生长的草莓匍匐茎顶端 3～4 厘米长的顶芽，用自来水冲洗 1～2 小时，在超净工作台上去掉外层苞叶，用 75％酒精表面消毒

30 秒，然后用 0.1％的氯化汞消毒 10 分钟。再用无菌水冲洗3～5 遍。消毒完成后，在解剖镜下逐层剥去苞叶和叶原基，分别切取 0.5 毫米茎尖，接种于上述预备的 MS 培养基上，置于培养室内培养。培养室温度控制在（25±2）℃，光照强度控制在 2 400 勒克斯左右，光照周期设定为 14～16 小时/天。待茎尖分化、小苗长出 3～5 片叶时进行病毒检测，再转到1/2 MS 培养基上诱导生根。

直接茎尖培养脱毒法的优点是不需要诱导愈伤组织和不定芽分化过程，因而相对于花药培养脱毒法培养时间较短，并且在培养过程中植株的变异率低。缺点是剥取茎尖操作难度较高，并且培养所获得的植株不一定完全脱除病毒，必须经过认真的病毒检测来加以确认。

2. 改良茎尖培养脱毒法（二次脱毒培养法）　　上述直接茎尖培养脱毒，经 2 个月左右的培养，当试管苗长到 1～2 厘米时，从中选取试管苗，再次切取 0.5 毫米的茎尖进行二次脱毒培养。处理和培养方法同直接茎尖培养脱毒法。二次脱毒的目的是提高茎尖培养法的脱毒率。

3. 改良热处理十茎尖培养脱毒法　　将草莓匍匐茎洗净后，在 35～50℃水浴中处理 4 小时，再在无菌条件下切取 0.5 毫米的茎尖进行培养。其他处理和培养方法同直接茎尖培养脱毒法。该方法也可提高茎尖培养法的脱毒率，但操作比较麻烦。

4. 冷处理十茎尖培养脱毒法　　自田间采取 3～5 厘米的草莓苗，栽在小花盆里，于 10℃的低温培养箱中培养 2 个月，选健壮植株切取 0.5 毫米茎尖进行培养。其他处理和培养方法同直接茎尖培养脱毒法。该方法也可提高茎尖培养法的脱毒率，但需要很长的冷处理时间。

（二）花药培养脱毒法

草莓苗的花药培养以采用花粉发育到单核期的花药为好，

此时花蕾直径一般为 4～6 毫米，但花粉发育与花蕾大小的关系也因品种不同而异。因此，在采集花蕾进行花药培养前，要先明确该品种花粉处于单核期的花蕾大小，再根据花蕾大小，采集花蕾进行花药培养。

从田间采来花蕾后，先用自来水冲洗干净，然后在超净工作台上用 70%酒精表面消毒 1 分钟，再用 0.1%升汞消毒 5～8 分钟，并不断搅动，表面消毒后用无菌水漂洗 3～5 次，滤纸吸去表面水分，然后剥取花药接种于添加有 2 毫克/升 6-苄氨基嘌呤和 0.1～2 毫克/升萘乙酸的 MS 固体诱导培养基上，置于培养室内培养 30 天左右，使花药形成愈伤组织。然后将花药愈伤组织转入添加有 1 毫克/升 6-苄氨基嘌呤的 MS 固体分化培养基上，诱导愈伤组织分化产生不定芽。在这个过程中，有 2%～5%的愈伤组织可分化产生不定芽，为提高愈伤组织的不定芽分化频率，可在培养基中加入 8 毫克/升硝酸银（乙烯抑制剂）。不定芽形成后，要及时将不定芽从愈伤组织上切下转入 MS 或 1/2 MS 固体培养基上诱导生根，使其发育成完整植株。

花药培养脱毒法接种容易，从愈伤组织上分化出的不定芽 100%不带病毒，但花药培养过程中不仅会产生单倍体，而且会产生变异植株。因此，为了使生产上应用的无病毒植株保持原有品种的特征特性，首先必须对花药培养的再生植株进行染色体倍性和变异情况分析，具体方法：上午 9 时至 9 时 30 分取带新根的草莓苗，经自来水冲洗干净后取 1～1.5 厘米长的白色根尖，用氯化钾溶液浸泡 20 分钟，再经对二苯饱和水溶液处理 2 小时以上，然后用自来水冲洗 10 分钟后用卡诺液固定 2 小时以上，自来水冲洗 10 分钟后用 1 摩尔/升盐酸于 60℃条件下解离 10 分钟，再在 30～40℃条件下用硫酸铁铵媒染 1 小时，苏木精染色 4 小时以上，最后用 45%醋酸分色软化 1 小时后切取 1～1.5 毫米根尖压片镜检。

二、无病毒鉴定

如上所述，茎尖培养脱毒法获得的草莓苗不一定都能完全脱除病毒，因此，在把这些草莓植株作为生产无病毒原种苗的母株之前，必须进行无病毒检测鉴定；另外，无病毒植株在生长繁育过程中仍有可能重新感染病毒，因此，在无病毒种苗繁育过程中的各个阶段还须进行重复的病毒检验。

（一）指示植物嫁接小叶鉴定法

指示植物主要有森林草莓中的 EMC、Apline、UC - 1、UC - 4、UC - 5、UC - 6 和弗吉尼亚草莓中的 UC - 10、UC - 11、UC - 12 及 *C. quinoa* 等。但草莓病毒的症状表现比较复杂，不同病毒或病毒组合在同一指示植物上以及同种病毒在不同的指示植物上的症状变化比较大，对于病毒种类的确定需要几种指示植物同时进行检测鉴定，而且这种方法耗时长，操作者本身对症状的观察也具有不确定因素。但由于指示植物 UC - 5对多种草莓病毒，特别是世界上普遍发生的草莓斑驳病毒、皱缩病毒、轻型黄边病毒和镶脉病毒都比较敏感。因此，对于草莓脱毒苗的无病毒检测，仅用 UC - 5 作为指示植物就够了（表 5 - 1、表 5 - 2）。

指示植物嫁接小叶鉴定法的具体方法：将指示植物和待检植株栽在小花盆中，并不断去掉指示植物发出的匍匐茎，使叶柄加粗，当达到 2 毫米以上粗度时，先从待检植株上剪取成熟叶片，剪去两边小叶，仅取中间一小叶并带 1～1.5 厘米长叶柄，用锐利刀片把叶柄削成楔形作为接穗，然后选取健壮的指示植物，剪去中间小叶作为砧木，在两叶柄中间向下纵切 1 条长 1.5～2 厘米的切口，再把待检接穗小叶片插入指示植物切口内。嫁接后为保证成活，用蜡质薄膜或塑料条包扎嫁接口，每株指示植物可嫁接 2 个待检接穗。嫁接后将整个指示植物的花盆套上塑料袋，以保证湿度，先在环境温度 25℃ 左右、避免阳光直射的处所放置 2～3 天，然后移到 25～28℃ 且光照充足的环境下放置，每隔 2～3 天换一次气，7～10 天后去掉塑料袋，并开始分批去掉未嫁接叶片，促进幼叶的发生，4～6 周后即可鉴定出有无病毒。一般每个待检植株要接种 3 株以上，根据指示植物症状表现确定病毒种类和侵染程度。

表 5-1 主要草莓病毒在指示植物上的表现

病毒种类	各种指示植物的症状表现和反应程度							潜育期（天）
	EMC	Apline	UC-1	UC-4	UC-5	UC-6	UC-10	
草莓斑驳病毒	褪绿斑+++	褪绿驳++	褪绿驳++	+	斑驳++	++	+	7～14
草莓轻型黄边病毒	+	++	++	叶片枯死+++	黄边++	0	++	15～20
草莓镶脉病毒	++	+	+	+	叶片反卷+	镶脉+++	0	24～37
草莓皱缩病毒	+	花瓣条纹++	+	++	叶片皱缩++	++	0	39～57

注："+"多少表示反应的相对强烈程度。

表 5-2 草莓病毒病的检测鉴定方法

病毒病种类	指示植物检测	血清学检测	分子生物学检测
草莓斑驳病	UC-1，UC-5，Alpine	ELISA	PCR
草莓镶脉病	UC-5，UC-6，UC-12，Alpine	ELISA	PCR
草莓皱缩病	UC-5，UC-6，Alpine		PCR
草莓潜隐环斑病	C. quinoa	ELISA	
草莓轻型黄边病	UC-1，UC-4，UC-5，Alpine	ELISA	PCR
草莓拟轻型黄边病	UC-4，UC-12，Alpine	ELISA	
草莓潜 C 病毒	UC-5，EMC		
翠菊黄化病		ELISA	PCR

（续）

病毒病种类	指示植物检测	血清学检测	分子生物学检测
草莓绿瓣病		ELISA	PCR
草莓致死性衰退病	Alpine		
草莓类菌原体黄化病			PCR
草莓畸蘖病		ELISA	PCR
南芥菜花叶病毒	C. quinoa		
树莓环斑病毒	C. quinoa	ELISA	
番茄黑环病毒	C. quinoa	ELISA	
番茄环斑病毒	C. quinoa	ELISA	
烟草坏死病毒	C. quinoa	ELISA	
烟草条纹病毒	C. quinoa	ELISA	
草莓褪绿斑点病	EMC		
草莓卷叶病	UC-5，UC-10		
草莓蕨叶病	Alpine		
草莓苍叶病	UC-10，UC-11		DsRNA
草莓叶缘褪绿病			PCR

（二）血清学检测法

血清学检测法是利用各种病毒产生的抗血清所具有的高度特异性，用已知病毒的抗血清来鉴定病毒的存在与否及病毒的种类，其中最为常用的是酶联免疫吸附法（ELISA）。目前，已有 14 种草莓病毒或类似病毒可用 ELISA 进行检测。这是一种高度专一性的检测方法，但由于包括普遍发生的草莓皱缩病毒在内的多种病毒仍未制备出抗血清、草莓病毒的分离提纯工作难度大、检测成本高等原因，限制了该方法的实际应用。

（三）分子生物学检测

分子生物学检测主要有应用聚合酶链式反应（PCR）技术

的 cDNA 探针和 RT - PCR 检测技术，另外用双链 RNA（dsRNA）技术检测草莓病毒也有报道。这种分子生物学方法也具有快速、准确的优点，但包括普遍发生的草莓潜隐环斑病毒在内的多种病毒仍未测定出其核酸的碱基序列，限制了实际应用。

（四）电子显微镜鉴定法

先用负染法处理被测叶片，然后分别在 15 000、20 000、30 000 倍的电子显微镜下观察，即可以清楚地看到细胞核及细胞质中是否有病毒粒子，并根据病毒粒子的形态特征和大小分辨病毒种类。该方法具有直观、快速的优点，但在病毒浓度低时不易观察，且可能与其他细胞器混淆。

三、组培增殖

经病毒检测和变异分析确认为无变异、不带病毒的试管植株后，可通过组织培养法在试管内大量繁殖。具体方法：将试管植株接种于增殖培养基（添加 0.5～1 毫克/升 6 -苄氨基嘌呤的 MS 固体培养基）上，在温度 25℃、光照度 2 000 勒克斯的培养室内培养，使试管苗增殖产生丛生芽，每 3～4 周继代培养一次。继代培养时将上一代培养获得的丛生芽切割成单芽继续接种于上述的增殖培养基上，如此反复进行，每一代的增殖系数可达到 10 左右。若一年繁殖 12 代，理论上 1 株试管苗可在一年内增殖到 10 000 亿株。

将在上述增殖培养基上产生的丛生芽切割成单芽，转入生根培养基（添加 0.01 毫克/升吲哚乙酸的 1/2 MS 培养基、不添加任何激素的 MS 培养基或 1/2 MS 培养基）诱导生根，培养条件同增殖培养。约 20 天即可形成具有 3～4 条根的完整植株。该方法的试管苗生根率可达 95％左右。

四、移栽炼苗

试管苗生根后即可移栽炼苗。方法有以下 3 种：

1. 生根试管苗先栽于蛭石中 在温室内将生根后的试管苗移栽于以蛭石为基质的培养槽中，移栽前先用甲基硫菌灵或多菌灵消毒蛭石，并使其吸足水分，然后将已洗净培养基的试管苗栽植于其中，浇定根水后用薄膜覆盖保温，待苗长出大量新根后移栽于温室土壤中。

2. 生根苗直接栽于土壤中 在温室条件下，直接将洗净培养基后的试管植株移栽于疏松的壤土中，但移栽前要先将地深翻一遍，整平畦面，分割成小的移栽方，并浇足水分，在水未渗下去之前将畦面刮平，待畦面无明显水时开始移栽，移栽时用小镊子夹住洗净培养基的试管苗的根系插入土壤中。操作时应浇一方，栽一方。定植完后用塑料薄膜保温保湿，夏季要遮阳降温。

3. 未生根的丛生芽苗扦插于珍珠岩基质中 取具有 2 片正常叶片的未生根的丛生芽苗（新茎），用自来水洗净基部培养基，再用刀片将新茎分别切下，扦插在装有珍珠岩基质的瓦盆内扦插后，将盆压入水中吸足水分，使新茎基部与基质接触。在盆上支棚架，用塑料薄膜将盆上下全包住以保温、保湿。采用此法，生根成苗率可达九成左右，移植成活率接近 100%。

五、田间隔离繁殖

草莓病毒病的主要传播媒介是蚜虫，无病毒苗的田间繁殖必须在具有避蚜设施的网室内进行，防止无病毒苗重新受到病毒的感染。生产上，一般采用 40 目的纱网来构建网室。同时，网室内的土壤必须进行消毒（参见本书的土壤处理部分），并经常喷药防治网室内外的蚜虫，构筑起预防蚜虫传毒的第二条防线。种苗定植前，先施入基肥和少量缓释性肥料。长江中下游地区宜在 3 月下旬至 4 月上旬将温室中经过适当炼苗的无病毒草莓原原种苗植株移栽到网室中，每公顷定植 7 500 株左右，使其抽生匍匐茎进行繁殖。在匍匐茎抽生期，通过经常浇水、摘除花序和理顺匍匐茎等管理措施，促进匍匐茎抽发，繁殖更多更好的子苗。一般来说，1 株脱毒原原种苗在 4～9 月间通过匍匐茎分株繁殖可获得 100～150 株原种苗。

上述草莓原种无病毒苗可提供给莓农繁殖生产用苗。生产用苗的繁殖也可采用匍匐茎分株繁殖法，繁殖过程中也要特别注意蚜虫的防治，如有网室隔离条件则更好。

六、草莓苗假植

假植是在草莓定植前选择生活力强和无病虫害的子株苗，移植在事先准备好的苗床上培育。假植的目的是改善草莓苗的通风透光条件，促进初生根和细根的发生，提高草莓苗的素质和整齐度，并有利于采取措施调节草莓花芽分化。

（一）假植时期确定

假植时期因栽培形式不同而异。促成栽培用苗可在 7 月假植，9 月中下旬定植，假植太迟不利于移植苗的成活和生长；半促成栽培和露地栽培用苗则可在 8 月底前假植，10 月中旬之前定植。假植期一般以 30～60 天为宜，假植的具体日期可根据定植时间向前推 30～60 天来计算。用盆钵育苗、高山育苗、夜冷育苗时，则以 7 月上中旬采苗假植为宜。

（二）苗床的准备

假植苗床以选择排灌方便、土质肥沃疏松的沙壤土为宜。

在移苗的前半个月，每公顷施腐熟猪粪 30～45 吨，加入氮、磷、钾复合肥 15～30 千克，深翻作畦。畦面宽度以操作方便为宜，一般为 1.2～1.5 米。假植株行距一般为 12～18 厘米。

（三）采苗和假植方法

假植用苗最好选择具有 2～3 片展开叶、初生根多而强健的幼苗为好。如幼苗量不足时也可采用 3～4 片展开叶的幼苗，但应按苗体大小分别种植。采苗时最好能带土，或起苗后用湿报纸包根，以减少缓苗时间。如遇高温干旱天气，可将幼苗根部浸于水中。假植的苗地最好事先设置遮阳设施，并做到边采苗、边假植、边浇水。

（四）假植后的管理

假植后应用稀人粪尿点根，并在栽植后的 3～5 天内每天浇水 1～2 次，以保持土壤湿润，促进成活。假植较迟，天气已开始转凉的，假植苗成活后即可除去遮阳物。促成栽培用的假植苗，假植时间早，假植后正是高温时期，除浇水保持土壤湿润外，还要持续采取遮阳降温措施，直至挖苗定植。假植成活后可结合浇水进行 2～3 次追肥，肥料应以氮素为主，促进茎叶迅速生长。但促成栽培用的假植苗，从 8 月中旬开始应终止施用氮肥，并控制水分，保持土壤适度干燥，以促进花芽提早分化。假植苗长出 2～3 片新叶时，要及时摘除老叶和黄叶，假植后期也要通过摘叶控制叶量，保持 4～5 片叶。因为叶柄基部含有较多的赤霉素，摘除老叶可减少赤霉素含量，有利于促进花芽分化。同时，假植苗上新抽生的葡匐茎也应及时摘除，以维持假植苗集中营养用于自身生长发育。此外，假植期易发生多种病虫害，应注意防治，严重发病的植株要及时拔除，以防止扩大蔓延。

第六章
连作障碍控制

　　草莓多年在同一块土地上种植，很容易发生连作障碍，且随着连作次数的增加而越来越突出。草莓连作障碍的主要表现有：①黄萎病、枯萎病、炭疽病、青枯病、灰霉病、芽枯病、蛇眼病、根结线虫病等土传病害和小地老虎、蝼蛄、蛴螬、野蛞蝓等土居害虫发生严重，并逐渐达到难以控制的程度；②草莓植株生长发育不良，异常花、畸形果、软质果、果实着色不良等生理性病变越来越严重；③草莓产量和质量严重下降。

　　造成草莓连作障碍的原因主要有：①多种重要的草莓病虫害都是土传或土居类型，连作会使这些病原菌和害虫在土壤中累积，造成这类病虫害的严重发生；②由于草莓对土壤中营养物质的选择性吸收，以化肥为主的施肥模式难以全面补充土壤养分损失，多年连作后往往造成土壤中某些养分的亏缺；③草莓的根系分泌物具有自毒作用，根系分泌物在土壤中积累后引起草莓根系 TIC 还原活性下降、相对电导率增大、SOD 酶活性降低、MDA 生成量增多、根系生长受到抑制、生物量显著下降；④我国草莓生产以设施促成栽培为主，长期的设施条件也使土壤理化性质变劣；⑤环境污染造成我国酸雨发生率增加，加上以化肥为主的施肥模式，加重了土壤酸化。

　　实行有效的轮作可以很好地控制这类病虫害（特别是病

害），但在一些草莓的集中产区，由于草莓生产的经济效益相对较高，轮作往往没有被采用。在这种情况下，土壤处理和改良是一个控制土传病害和土居害虫的有效选择。

一、轮　作

控制草莓连作障碍最为简单有效的方法是实行轮作。轮作最好选择与水稻、茭白进行水旱轮作，其次是与绿肥及玉米、小麦、大麦等禾本科植物轮作，也可以与棉花、豆类和蔬菜等作物轮作，还可以与果树等多年生植物间作。最好在同一块田里能隔 1～2 年才种一季草莓。

草莓采收完毕后进行深耕，加施有机肥或锯末改良土壤，并种植田菁等绿肥作物或水稻、茭白、玉米、高粱等禾本科植物，在 8 月前后割青将秸秆翻入土中，对提高地力、改良土壤理化结构、控制连作障碍有明显效果。

草莓与水稻、茭白实行水旱轮作，由于土壤环境条件的显著变化，恶化了土壤中病原菌和害虫的生存环境，能有效地压低土传病原菌和土居害虫的数量。同时，通过水旱轮作、土壤干湿交替，促进了土壤中潜在养分的释放，利于团粒结构的形成，使土壤疏松透气，提高保水保肥能力。

二、土壤覆膜增温

适用于主要因土壤有害生物累积造成的连作障碍。

（一）铺撒物料

在夏季高温时节，于上茬作物收获后对拟处理田块进行清理，将作物秸秆（如稻草、玉米秸、麦秸、豆秸等）、玉米芯、废菇料、绿肥（如田菁、印尼大绿豆等）截短或粉碎成 5 厘米以下，以 7.5～15 吨/公顷的用料量均匀地铺撒在土壤表面；铺撒有机肥（如经无害化处理的鸡粪、鸭粪、猪粪、牛粪等）15～30 吨/公顷；再撒施尿素 100～200 千克/公顷；明显酸化的土壤宜加施生石灰 750～1 500 千克/公顷。

（二）整地灌水

深翻 25～40 厘米，将撒施的秸秆和有机肥等物料翻入土中，与耕层土壤充分混合，耙细，并整成平畦。如土壤比较干燥，应适当灌水至土壤表面湿透。

（三）覆膜

用两层地膜贴地严密覆盖，下层用黑色地膜，上层用透明地膜；有棚架的土地上层也可改在棚架上严密覆盖棚膜。保持密闭不少于 10 天，且累计至少有 7 天最高气温 35℃以上的晴热天气。

（四）揭膜

在后茬作物计划定植前 5～10 天揭去地膜和棚膜，待地表干湿适宜后，即可整地作畦、播种或移栽。

三、灌水浸田处理

适用于主要因土壤次生盐渍化造成的连作障碍。

需要处理的次生盐渍化田块，可利用换茬空隙灌水，并保持 5～10 厘米的水层 5 天以上，期间换水 1～2 次，然后排干水分，至土壤湿度适宜后翻耕整地备用。

另外，草莓收获结束后，如果不安排轮作，也可利用下一季草莓移栽前的空闲时间，在初夏翻耕后蓄水 2～3 个月，对各种土壤连作障碍也可起到一定的综合效果。

四、土壤消毒处理

适用于主要因土壤有害生物累积造成的连作障碍。

选用对环境影响小的消毒剂，如过氧化物类和含氯类消毒剂等。常用消毒剂的使用剂量参见表 6-1。

表 6-1　作物连作障碍土壤处理用主要消毒剂的使用量

药剂名称	每公顷有效成分用量*	每公顷制剂用量
二氧化氯	3.6~6 千克	8%固态二氧化氯 45~75 千克；或 2%稳定性二氧化氯溶液 180~300 升
三氯异氰尿酸	17~25 千克	85%可溶粉剂 20~30 千克
二氯异氰尿酸钠	20~30 千克	50%可溶粉剂 40~60 千克
次氯酸钠	有效氯：12~18 千克	含有效氯为 10%的液剂 120~180 升

注：＊采用局部处理方法可相应减少药剂用量。

待处理土壤先翻耕耙细整平，土壤含水量保持在田间持水量的 60%~70%（可以手握能成团，落地即散来判定，下同）。保湿 3~4 天后，采用浇灌、滴灌或漫灌法施药，兑水量应保证药液能渗透湿润 10~20 厘米土层。处理后 2~3 天，即可整地播种或定植作物。消毒处理过程应特别注意以下几点：

（1）消毒剂易分解失效，应避免阳光直射，使用前宜确认其有效成分含量，即配即用。

（2）固态制剂使用前应先配制成母液，配制时先在塑料桶（不能用金属容器）中倒入相当于固态制剂重量 10~20 倍的水，再将固态制剂缓缓倒入水中（不可先放药后倒水），加盖或用塑料薄膜封口（防挥发），完全溶解后即为母液。

（3）勿与硫黄类消毒剂混用。

（4）有机肥和微生物肥料宜在消毒处理后使用。

（5）消毒剂具腐蚀性，接触人员应佩戴防护眼镜和耐酸碱手套等防护用品。

（6）严格执行产品说明书规定的其他注意事项。

五、土壤熏蒸处理

适用于主要因土壤有害生物累积造成的连作障碍。

（一）熏蒸剂选用

长期以来，用溴甲烷处理土壤效果良好，因而被广泛采用。但溴甲烷因破坏臭氧层和对人畜剧毒而被列入《蒙特利尔议定书》的控制对象，包括我国在内的大多数国家均已禁用。

应从登记使用的土壤熏蒸剂类农药产品中选择安全高效的品种。氰氨化钙、棉隆、威百亩等常用土壤熏蒸剂的使用剂量和使用方法参见表6-2。

表6-2 作物连作障碍土壤处理用主要熏蒸剂的使用量和使用方法

熏蒸剂名称	每公顷有效成分用量*	每公顷制剂用量	使用方法
威百亩	21～31.5 千克	35％水剂 60～90 升	水剂可采用灌溉或注射施药法
棉隆	294～441 千克	98％微粒剂 300～450 千克	微粒剂可采用混土施药法
氰氨化钙（石灰氮）	240～480 千克	50％颗粒剂 480～960 千克	颗粒剂可采用混土施药法，宜与覆膜增温结合

注：＊采用局部处理方法可相应减少药剂用量。

（二）土壤准备

待处理土壤先施下秸秆和肥料等（种类、用量和使用方法可参见"土壤覆膜增温"部分），翻耕后耙细整平（混土施药法宜在施药后耙细整平），保持田间持水量 60％～70％。

（三）施药和密封

土壤保持湿润 3～4 天后，采用如下方法之一施药和密封：

（1）灌溉施药法。适用于制剂为水剂等能与水充分混合的熏蒸剂。将药剂兑水均匀浇入土中，然后用地膜严密覆盖土面；如有滴灌系统，则整地后先覆盖好地膜，然后通过滴灌系统将药液施到土壤中。兑水量以能渗透湿润 10～20 厘米土层为度。

（2）混土施药法。适用于制剂为微粒剂等固体型熏蒸剂。将熏蒸剂均匀散施到土里，然后耙细土壤，必要时浇水使土壤含水量达到田间持水量 55％左右，并立即用地膜严密覆盖土面。

（3）注射施药法。适用于制剂为液体或气体的熏蒸剂。使用专用手动注射器或机动注射消毒机施药（注射孔间距 30 厘米左右），立即用土封好注射孔。施药后及时用地膜严密覆盖土面，并使土壤含水量保持在田间持水量 55％左右。

（四）熏蒸和通气

在密封条件下熏蒸。达到要求的熏蒸时间后，先于傍晚揭开地膜的边角通气，并设立明显标志警示人员不要在通气口处长时间停留。第二天揭除全部地膜并松土通气。熏蒸和通气的时间因土壤温度而异，土温高需要的时间相对较短，反之则要适当延长，具体按表 6-3 控制。

表 6-3　熏蒸剂土壤处理密封熏蒸和通气时间与土壤温度的关系

土壤温度（℃）	密封熏蒸时间（天）	通气时间（天）
＞25	7～10	5～7
15～25	10～15	7～10
5～15	20～30	10～15

（五）注意事项

（1）施用地点不宜紧邻水体或禽畜养殖场。

（2）撒施时要佩戴口罩、帽子和橡胶手套，穿长裤、长袖衣服和胶鞋。

（3）使用应尽量均匀。

（4）未用完的药剂要密封，存放在通风、干燥的库房内，切勿与人畜同室。

（5）处理土壤封膜必须及时严密。

（6）严格执行产品说明书规定的其他注意事项。

（7）参照 GB 12475 和 NY/T 1276，做好职业和环境危害的防护。

（8）熏蒸处理结束后，进行种子发芽试验，确认处理过的土壤对种子发芽无影响后进行播种或定植。

六、石灰处理

适用于主要因土壤酸化造成的连作障碍。

灌水使田间持水量达 $60\%\sim70\%$，将石灰粉碎，撒于土壤表面，翻耕耙细，与土壤充分混合。石灰可选用石灰粉〔主要成分为 $Ca(OH)_2$〕、石灰石粉（主要成分为 $CaCO_3$）或生石灰（主要成分为 CaO）；用量根据拟处理土壤的理化性质、处理前 pH 和目标 pH，参考表 6-4 确定。石灰处理可与覆膜增温结合进行。

表 6-4　石灰需要量参考值

土壤质地	处理前 pH	目标 pH	每公顷用量（千克）			间隔（年）
			石灰石粉	石灰粉	生石灰	
沙土及壤质沙土	4.5	5.5	600～900	450～675	375～525	1.5
	5.5	6.5	750～1 200	600～900	450～675	
沙质壤土	4.5	5.5	900～1 500	675～1 125	525～825	1.5～2
	5.5	6.5	1 200～1 950	900～1 500	675～1 125	

（续）

土壤质地	处理前 pH	目标 pH	每公顷用量（千克）			间隔（年）
			石灰石粉	石灰粉	生石灰	
壤土	4.5	5.5	1 500～2 250	1 125～1 650	825～1 275	2.0～2.5
	5.5	6.5	1 950～3 000	1 500～2 250	1 125～1 650	
粉质壤土	4.5	5.5	2 250～3 000	1 650～2 250	1 275～1 650	2.5
	5.5	6.5	3 000～4 050	2 250～3 000	1 650～2 250	
黏土	4.5	5.5	3 000～4 500	2 250～3 300	1 650～2 550	2.5
	5.5	6.5	4 050～5 250	3 000～3 750	2 250～3 000	

七、微生物处理

适用于主要因土壤有害生物累积造成的连作障碍。

微生物制剂常用的有木霉菌、芽孢杆菌、EM 菌等。可采用微生物制剂稀释液灌根或浇土法，使用剂量、具体方法和注意事项等见表 6-5。可单独或在物理和化学类处理全部程序完成后配合使用，以重建土壤中的有益微生物群落。使用时应注意以下几点：

（1）不与物理和化学方法同时使用，但可在物理和化学处理全部程序完成后（包括化学处理后的通气过程）使用。

（2）配合使用有机肥效果更好。

（3）严格执行产品说明书规定的其他注意事项。

表 6-5　作物连作障碍土壤中主要微生物制剂的使用量

微生物制剂名称	每公顷制剂用量
哈茨木霉菌	3 亿菌落形成单位/克可湿性粉剂 45～60 千克
蜡质芽孢杆菌	10 亿菌落形成单位/毫升悬浮剂 67.5～90 升
EM 菌	500 亿菌落形成单位/克 22.5～30 千克

第七章
土肥水管理

一、整　　地

先清除田块中的上茬作物及杂草等，采用草莓与水稻轮作栽培制度的，水稻收割后，将稻秆切碎还田。土地翻耕前施入基肥，并根据土壤酸碱度，必要时施入一定量的石灰。翻耕后，适当灌水，持续5～7天，使田中秸秆和有机肥腐熟，田块自然吸干水分后即可以作畦。

采用高畦栽培有利于减少田间作业中对草莓果实的污染和损伤，对于雨水较多或地下水位较高的地区，高畦栽培还可避免土壤湿度过高和涝害。一般一条畦加一条沟的宽度要求在90～100厘米，做好畦后，畦面宽55～65厘米，畦高30厘米左右，沟肩宽35厘米左右，沟底宽30厘米左右，畦面做成龟背形，以防积水。畦的长度因地制宜，畦的方向以南北为佳。

作畦前，先根据田块的几何形状和畦沟的要求设计好平面分布，并用石灰等在田间做好沟的标记。采用设施栽培的，还要根据设施的尺寸设计畦沟的分布。以大棚设施栽培为例，目前市场上农膜的宽度有6～12米的各种规格，大棚膜宽度、大棚宽度和棚内畦数的一般关系见表7-1。

表 7-1　大棚膜宽度和大棚宽度与棚内畦数的对应关系

大棚膜宽度（米）	大棚宽度（米）	建议畦数
12	10	10
9.5	8	8
7.5	6	6

　　开沟作畦可采用人工或专用开沟机械进行。人工操作时，沿石灰标记用铁锹开沟作畦。但目前很多草莓主产区多用专用开沟机进行操作，一般一台开沟机可在 3 天内完成 1 公顷土地开沟作畦，比人工操作提高工效 25 倍。

　　作畦后，适当灌水，使土壤充分湿润，土中有机残体进一步腐熟。一般作畦完成与草莓定植的时间间隔要大于 10 天。

二、土壤管理

　　土壤管理工作主要发生在草莓定植后至地膜覆盖前这段时间。在浙江建德，草莓设施栽培的定植时间一般为 9 月上旬；在辽宁丹东，草莓露地栽培的定植时间一般在花芽分化前的 8 月上中旬。定植成活后，设施栽培一般于 10 月上旬对畦面进行一次松土，除去杂草，拨开种植过深的草莓植株基部的泥土，露出心芽，达到"深不埋心，浅不露根"，以利于草莓的正常生长。地膜覆盖前，长江流域设施栽培一般在 10 月下旬，露地栽培在 12 月，再进行一次松土，并整细、整平畦面土壤，铲除沟里多余的泥土，便于覆盖地膜。

三、施　　肥

　　草莓生长需要消耗大量的营养物质，特别是设施栽培草莓（自 11 月至翌年 5 月连续生长、结果、采摘）生长期长，生长量大，产量高，养分消耗尤其迅速，需要及时补充植株营养。

（一）施肥的一般原则

草莓施肥一般分为基肥和追肥两部分。基肥一般占总施肥量的 70%，总施肥量可根据目标产量和土壤肥力状况综合考虑。一般的土壤条件下，若目标产量为 30 吨/公顷，则每公顷需施入纯氮（以 N 计）180～250 千克、磷（以 P_2O_5 计）80～150 千克、钾（以 K_2O 计）100～200 千克，相当于每公顷施入栏肥 25～35 吨，菜籽饼肥 1 200～1 800 千克，复合肥 1 000～1 400 千克，对于酸性土壤，还需加施熟石灰 350～400 千克。基肥要均匀撒施，并与土壤充分拌和。施用的栏肥、菜籽饼肥或其他有机肥必须是经过充分腐熟的，或与秸秆同时施入后灌水 2 周左右，使其在田中腐熟，以防"烧苗"。在生产上草莓栽植前要进行土壤消毒处理的，一般在土壤消毒处理的同时进行秸秆还田和施基肥，尤其是太阳热能土壤消毒必须结合进行（参见本书的土壤处理部分）。

追肥一般分覆膜前追施和覆膜后追施。覆盖地膜前追施肥料主要是为了促进植株的生长和提高花芽的质量，必须根据草莓植株生长情况来确定施肥的种类和数量，也可以不施。一般在草莓定植成活、初生根系生长后才进行第一次追肥，可与土壤管理结合起来。在浙江建德，一般在 10 月上旬第一次松土后视苗情进行第一次追肥，可用 0.3% 三元素复合肥加 2% 人粪尿液浇施，三元素复合肥的用量为每公顷 60～90 千克；也可浇施 0.3% 尿素溶液，每公顷用尿素 50～80 千克。第二次追肥在覆地膜前第二次松土后进行，用 0.3% 三元素复合肥溶液浇施，每公顷用三元素复合肥 180～250 千克。

一般，一年一栽的露地栽培草莓施足底肥后不提倡追肥，可以在缓苗后和翌年花蕾期各喷施一次叶面肥。

覆盖地膜后至采摘结束，设施栽培草莓植株进入现蕾、开花和结果时期，要进行多次追肥，分别在各花序顶果开始采摘和采摘盛期各追肥一次，一般掌握 15～20 天追施一次，每公顷用三元素复合肥 180～250 千克。同时，用磷酸二氢钾、硼砂和多种微量元素叶面肥进行根外追肥。施肥最好与灌水相结合，特别推荐使用软管滴灌设施，具有省工、节水、施肥均匀、保持草莓植株清洁、提高草莓果实的卫生质量、控制棚内湿度、减少病害发生及避免发生肥害等优点。若无软管滴灌设施，可采用兑水浇施方法。畦面干施容易造成肥害或产生氨气、亚硝酸等有害气体，对草莓植株产生毒害。故采用干施肥料时，在施肥和浇灌水后要及时通风，以免产生气害。同时，使用软管滴灌或兑水浇施时，浇施浓度宜控制在 0.3%～0.4%，切忌过浓，以防发生肥害，每公顷施入兑好的肥液量以 40～50 吨为宜。

商品肥料应选用获得肥料管理部门注册登记、符合相关标准的产品，并按照产品说明书使用。

（二）绿色食品草莓生产的肥料使用准则

1. 肥料使用原则

（1）持续发展原则。绿色食品生产中所使用的肥料应对环境无不良影响，有利于保护生态环境，保持或提高土壤肥力及土壤生物活性。

（2）安全优质原则。绿色食品生产中应使用安全、优质的肥料产品，生产安全、优质的绿色食品。肥料的使用应对作物（营养、味道、品质和植物抗性）不产生不良后果。

（3）化肥减控原则。在保障植物营养有效供给的基础上，减少化肥用量，兼顾元素之间的比例平衡，无机氮素用量不得高于当季作物需求量的一半。

（4）有机为主原则。绿色食品生产过程中肥料种类的选取应以农家肥料、有机肥料、微生物肥料为主，化学肥料为辅。

2. 可使用的肥料种类

（1）农家肥料。就地取材，主要由植物和（或）动物残体、排泄物等富含有机物的物料制作而成的肥料。包括秸秆肥、绿肥、厩肥、堆肥、沤肥、沼肥、饼肥等。

（2）有机肥料。主要来源于植物和（或）动物，经过发酵腐熟的含碳有机物料，其功能是改善土壤肥力、提供植物营养、提高作物品质。

（3）微生物肥料。含有特定微生物活体的制品，应用于农业生产，通过其中所含微生物的生命活动，增加植物养分的供应量或促进植物生长，提高产量，改善农产品品质及农业生态环境的肥料。

（4）有机-无机复混肥料。含有一定量有机肥料的复混肥料。其中复混肥料是指氮、磷、钾3种养分中，至少有两种养分标明量，并由化学方法和（或）掺混方法制成的肥料。

（5）无机肥料。主要以无机盐形式存在，能直接为植物提供矿质营养的肥料。

（6）土壤调理剂。加入土壤中用于改善土壤的物理、化学和（或）生物性状的物料，功能有改良土壤结构、降低土壤盐碱危害、调节土壤酸碱度、改善土壤水分状况、修复土壤污染等。

3. 不应使用的肥料种类

（1）添加有稀土元素的肥料。

（2）成分不明确的、含有安全隐患成分的肥料。

（3）未经发酵腐熟的人畜粪尿。

（4）生活垃圾、污泥和含有害物质（如毒气、病原微生物、重金属等）的工业垃圾。

（5）转基因品种（产品）及其副产品为原料生产的肥料。

（6）国家法律法规规定不得使用的肥料。

4. 使用规定

（1）农家肥料的重金属限量指标应符合 NY 525 要求，粪大肠菌群数、蛔虫卵死亡率应符合 NY 884 要求。在耕作制度允许的情况下，宜利用秸秆和绿肥，按照约 25：1 的比例补充化学氮素。厩肥、堆肥、沤肥、沼肥、饼肥等农家肥料应完全腐熟，肥料的重金属限量指标应符合 NY 525 要求。

（2）有机肥料应达到 NY 525 技术指标，主要以基肥施入，用量视地力和目标产量而定，可配施其他允许使用的肥料。

（3）微生物肥料应符合 GB 20287 或 NY 884 或 NY/T 798 标准要求，可配施其他允许使用的肥料。

（4）有机-无机复混肥料、无机肥料在绿色食品生产中作为辅助肥料使用，用来补充农家肥料、有机肥料、微生物肥料所含养分的不足。减控化肥用量，其中无机氮素用量按当地同种作物习惯施肥用量减半使用。

（5）根据土壤障碍因素，可选用土壤调理剂改良土壤。

（三）有机食品草莓生产的肥料使用准则

（1）应通过适当的耕作与栽培措施维持和提高土壤肥力，包括：

①回收、再生和补充土壤有机质和养分来补充因植物收获而从土壤带走的有机质和土壤养分；

②采用种植豆科植物、免耕或土地休闲等措施进行土壤肥力的恢复。

（2）当上一条描述的措施无法满足草莓生长需求时，可施用有机肥以维持和提高土壤的肥力、营养平衡和土壤生物活性，同时应避免过度施用有机肥，造成环境污染。应优先使用本单元或其他有机生产单元的有机肥。如外购商品有机肥，应经认证机构评估许可后使用。

（3）不应施用人粪尿。

（4）可使用溶解性小的天然矿物肥料，但不得将此类肥料作为系统中营养循环的替代物。矿物肥料只能作为长效肥料并保持其天然组分，不应采用化学处理提高其溶解性。不应使用矿物氮肥。

（5）可使用生物肥料；为使堆肥充分腐熟，可在堆制过程中添加来自于自然界的微生物，但不应使用转基因生物及其产品。

（6）有机草莓生产中允许使用的土壤培肥和改良物质见表 7-2。

表 7-2　有机草莓种植允许使用的土壤培肥和改良物质

类别	名称和组分	使用条件
植物和动物来源	植物材料（秸秆、绿肥等）	经过堆制并充分腐熟
	畜禽粪便及其堆肥（包括圈肥）	
	畜禽粪便和植物材料的厌氧发酵产品（沼肥）	
	海草或海草产品	仅直接通过下列途径获得：①物理过程，包括脱水、冷冻和研磨；②用水或酸和/或碱溶液提取；③发酵
	木料、树皮、锯屑、刨花、木灰、木炭及腐殖酸类物质	来自采伐后未经化学处理的木材，地面覆盖或经过堆制
	动物来源的副产品（血粉、肉粉、骨粉、蹄粉、角粉、皮毛、羽毛和毛发粉、鱼粉、牛奶及奶制品等）	未添加禁用物质，经过堆制或发酵处理
	蘑菇培养废料和蚯蚓培养基质	培养基的初始原料限于本附录中的产品，经过堆制
	食品工业副产品	经过堆制或发酵处理
	草木灰	作为薪柴燃烧后的产品
	泥炭	不含合成添加剂。不应用于土壤改良；只允许作为盆栽基质使用
	饼粕	不能使用经化学方法加工的

（续）

类别	名称和组分	使用条件
矿物来源	磷矿石	天然来源，镉含量≤90毫克/千克五氧化二磷
	钾矿粉	天然来源，未通过化学方法浓缩。氯含量少于60%
	硼砂	天然来源，未经化学处理、未添加化学合成物质
	微量元素	天然来源，未经化学处理、未添加化学合成物质
	镁矿粉	天然来源，未经化学处理、未添加化学合成物质
	硫黄	天然来源，未经化学处理、未添加化学合成物质
	石灰石、石膏和白垩	天然来源，未经化学处理、未添加化学合成物质
	黏土（如珍珠岩、蛭石等）	天然来源，未经化学处理、未添加化学合成物质
	氯化钠	天然来源，未经化学处理、未添加化学合成物质
	石灰	仅用于茶园土壤pH调节
	窑灰	未经化学处理、未添加化学合成物质
	碳酸钙镁	天然来源，未经化学处理、未添加化学合成物质
	硫酸镁	未经化学处理、未添加化学合成物质
微生物来源	可生物降解的微生物加工副产品，如酿酒和蒸馏酒行业的加工副产品	未添加化学合成物质
	天然存在的微生物提取物	未添加化学合成物质

四、水分管理

草莓定植后至成活前，必须保持较高的土壤湿度。在浙江建德，设施栽培草莓定植期为9月上中旬，定植后，容易遇到高温干旱天气，严重影响草莓定植成活。如2005年9月12～20日，受西太平洋副热带高压控制，出现了连续晴热天气，其中19日最高气温达38.7℃，严重影响草莓成活，并引发炭疽病大发生。遇到这种情况时，栽培地要用遮阳网覆盖，并及时灌水。一般需早晚各浇水一次，有微喷灌设施的也可在早晚各喷一次，可以显著提高成活率。

草莓定植成活后至现蕾期，应根据植株生长势强弱，保持土壤适度湿润。浇灌水的基本原则是：草莓植株生长旺盛有徒长趋势时，必须适当控制水分，俗称"烤苗"；相反，当草莓植株生长较弱、需要促进其生长时，应适当增加浇灌水次数。可视草莓植株生长和天气情况，一般每3～7天浇水一次。

大棚覆盖保温后，若土壤过干，则会影响草莓生长和结果，并易出现畸形果；若土壤过湿，同样会影响草莓生长和结果，并会加重灰霉病等草莓病害的发生。一般土壤水分要求控制在手握即能成团、放开手土团落地能松散的程度。在一般性气候条件下，每周浇一次水即可。

浇水方式有沟灌、浇灌和软管滴灌等，软管滴灌在达到灌水目的的同时，可以达到节约用水、控制大棚内空气湿度、保持大棚内卫生、减少病虫害发生等优点，在生产上可大力推广应用。

第八章
植株管理

（一）温度和日照时数

草莓苗在日平均气温 5～24℃、日照时数少于 12 小时条件下，经过 10～15 天即完成花芽分化。一般将 12℃ 以下称为低温区；12～25℃ 称为中温区；25℃ 以上为高温区。在低温区5℃ 以下花芽形成停止，而在 5～12℃ 时花芽形成与日照时数无关，即使在长日照条件下也能形成花芽。在中温区，日照时数能左右花芽形成，一般要求日照时数短于 8～13.5 小时才能形成花芽。在 25℃ 以上的高温区则花芽不能形成。

在浙江建德，当日平均气温低于 24℃ 时，丰香、红颜等品种一般在 8 月下旬花芽开始分化，9 月上旬定植较为适宜。定植时间太早或太迟，都会影响草莓的上市时间。采用高山育苗或冷水区域育苗的可以适当提前到 8 月下旬后期定植。10 月下旬是侧花芽开始分化时期，此时应特别注意确定大棚覆膜保温的适宜时间，若覆膜时间太早，大棚内温度过高，直接影响到侧花芽的分化；若覆膜太迟，则第二批花果（即第一侧花序果）上市时间推迟，从而出现草莓上市"断档"现象，且植株容易进入休眠状态。

（二）氮素营养

植株体内氮素含量多少对草莓花芽分化时期的迟早影响显著。一般而言，营养状况好、生长茂盛的幼苗花芽分化期比长势弱的苗相对要迟。用联苯胺比色法测定，当叶柄汁液中的硝态氮浓度在 300 毫克/千克以下时，有利于花芽分化，而硝态氮含量高于 300 毫克/千克时，花芽分化有推迟倾向。同时，植株生长弱，营养不足，虽然有利于花芽分化，但却抑制花芽发育，即尽管花芽分化早，但开花后花的质量和数量低下。因此为促进花芽提前分化，要适当地控制前期氮的吸收，花芽一旦完成分化，要尽可能采取促进草莓苗营养吸收的一系列措施，促进顶花芽发育，以达到顶花芽分化早、开花也早且好的目标。

在生产中为促使草莓苗提早花芽分化，一般 8 月中旬开始，草莓苗地不施用氮肥。假植苗地不施基肥，且假植苗定植成活后，一般不需要追施肥料，若苗太弱时，可视苗情适当追施一次薄肥。草莓定植后若出现草莓植株徒长，推迟现蕾，可采取控制水分、断根蹲苗等措施。断根蹲苗的具体做法是：可用利器，如砍柴刀的刀钩部，在畦面距草莓植株 5～8 厘米处划一直线，深度 10～20 厘米，以切断部分草莓根系，促进花芽形成。同时在生产中应用营养钵限根育苗的方法，可以明显提早草莓上市时间，据笔者试验：1999 年 7 月，选用直径、高均为 10 厘米的塑料钵，钵土用肥力中等的疏松土壤混加草木灰配成，于 7 月中下旬将具有 2～3 张展开叶的子苗移入钵中，浇水成活，施以薄肥，8 月中旬后断氮控水。9 月 7 日定植，成活率和出花蕾率均明显高于普通苗（表 8-1）。

表 8 - 1 限根控氮育苗对定植成活及出花蕾率的影响

育苗方法	假植时间 （月/日）	定植时间 （月/日）	成活率（%） （10月1日）	出花蕾率（%） （10月15日）
营养钵育苗	8/4	9/7	98.1	20
假植育苗	8/4	9/7	96.2	0
一般育苗	—	9/7	90.5	0

注：①试验品种为章姬；②试验地点为浙江省建德市水果站牛坞口草莓试验园。

（三）植物生长调节剂

在草莓生产中常用的植物生长调节剂是赤霉素（GA）、多效唑。赤霉素对花芽分化起抑制作用，但它可以促进花芽发育（10毫克/千克）、促进匍匐茎发生（50毫克/千克）和防止休眠（10毫克/千克）。多效唑在子苗期喷布，能控制苗徒长，促进花芽的形成。在生产上若出现草莓苗徒长，可于8月上旬喷施15%多效唑可湿性粉剂1 500倍液，以控制徒长，促使花芽分化。

二、定　植

（一）定植时间的确定

在促成栽培中，草莓的定植时间是以草莓苗花芽分化程度来确定的，一般以50%草莓苗顶花芽达到分化期为定植适期，否则容易引起徒长而推迟采收。因此，定植前必须检查所要定植的草莓苗顶花芽的分化程度。

（二）种苗的准备

定植时草莓苗要求达到二级苗以上，即具有5张正常展开叶，根茎粗1～1.2厘米（表8-2）。准备起苗种植前1周，先在苗地中整理草莓苗植株，剥除老叶、病叶和匍匐茎，仔细周到地喷施一次广谱性杀菌剂。于计划起苗日前1天把苗地灌透水，自然吸干。起苗时为提高成活率、缩短缓苗时间应尽量不损伤根系，多带土移栽，严防草莓苗根系被太阳直接照射，需远距离运输的苗，必须按50～100株一包包扎，挂上标签，标明品种等，根部用聚乙烯袋包扎好，剪除所有叶片的1/2，然后按8～10包一箱包装。若用普通车辆运输且气温较高时，每箱草莓苗中间可放一瓶冰冻塑料瓶装水（冰）。定植时要将草莓苗按大小不同分开定植，以便于定植后的管理。正常情况下，在起好苗后，一个劳动力一天可以定植3 000～4 000株草莓。

表8-2　草莓苗的分级标准

级别	苗重（克）	根茎粗（毫米）	叶张数（张）	地上部与地下部重量比	叶色	根系	病虫害
一级	≥30.0	≥12.0	≥5.0	1.0	浓绿	多而白	无
二级	≥20.0	≥10.0	≥3.0	1.0	浓绿	多而白	无

（三）定植密度

每畦种植2行，呈"三角形"种植，株距应根据不同草莓品种的植株大小而有不同，一般为18～22厘米。如丰香株距一般为18～20厘米，每公顷栽10万～11万株；红颜、章姬等大株型品种株距为20～22厘米，每公顷栽9万～10万株。

（四）定植方法

通常草莓花序从苗茎部"弓背"方向伸出，所以定植时应注意将草莓苗的"弓背"方向朝沟，使草莓植株抽出的花序均为向沟侧伸展，果实挂于沟沿，以减少烂果，并使果实接受充足的光照，有利于着色和采收。栽植深度是草莓成活的关键之一，要求"深不埋心，浅不露根"。若栽植过浅，则根茎外露，不易产生新生根，容易引起定植后苗生长不快或直接干枯死亡；若栽植过深，则苗心被埋土中，引发芽枯病，造成苗心腐烂，成为不能结果的无效植株。同时，定植时要认真仔细剔出带病苗，尤其是感染了枯萎病、黄萎病、青枯病和炭疽病的苗不能种植。

三、茎叶管理

（一）摘除匍匐茎

草莓定植成活开始生长后，因气温适宜会不断抽发匍匐茎，必须及时摘除，以免浪费养分。这项工作一直要持续到第二年草莓采摘结束，但以定植成活后的一段时期以及翌年3月以后气温相对较高的时期抽发较多。

（二）掰除老叶和病叶

叶的管理是草莓植株管理中的一项重要工作。草莓的叶自短缩茎上部2/5的叶序抽生，第一片叶正好与其上方的第六片叶在方向上重叠。叶片的这种叶序排列刚好能巧妙地让阳光照射到每一叶片上。叶片常绿，为三出复叶，小叶一般为圆形、椭圆形或倒卵形，是区别不同品种的重要特征之一。叶片的叶缘呈锯齿状，先端的小孔称为水孔，当土壤湿度大且根具有活力时，水珠会自水孔排出，因水珠含有无机盐类，当水珠干燥时，会残留下白色粉末。故早晨叶片有无吐水的状况，反映草莓植株尤其是根系生长好坏的重要标志。

草莓定植成活后，开始抽发新叶，此时应及时掰除老叶。丰香等品种在正常情况下，抽发5张叶片后出现花蕾；红颜、章姬等品种抽发 4 叶后就会出现花蕾。此后在整个生产季节，都要及时掰去老叶、病叶和黄叶。一般老叶的识别方法是叶片开始平展于畦上。原则上每株保留有效功能叶 8～12 片，最多不能超过 15 片，过多地保留老叶，将会消耗大量养分；反之，掰除过多功能叶片，将会对产量和品质产生影响。

（三）掰分蘖芽

在促成栽培中，由于定植时间较早，加上盖大棚膜保温后温度适宜，植株生长旺盛，往往发生很多分蘖芽，应把多余分蘖芽掰除。方法是：在顶花序抽出前，只需保留一个顶芽，而将蘖芽全都掰除；在顶花序抽生后，对相继抽生的蘖芽，选留两个方位好而粗壮的蘖芽，其余掰除；以后再抽生的蘖芽也都应及时掰除。保留多过的蘖芽，会使草莓植株养分分散，使第二花序（侧花序）花果推迟成熟而"断档"，或同时出现 2～3 个花序开花结果，导致单果重下降。

（四）掰空花茎

在促成栽培中，一个生产季节一般有 3～4 个花序，当其中一个花序果采摘结束时，应及时把花茎掰除。有时为促进新花序的生长与结果，对商品价值不高的小果连花茎一并提前掰除。

四、花果管理

（一）疏花疏果

草莓植株在一个生产季节内一般有 3～4 级花序，高级次的花序开花晚，果实小，往往商品性不高，因此在开花或花蕾期，须将高级次的花蕾适量疏除，可使养分集中，保证留下的花朵着果整齐、果大、品质优。疏果是疏花蕾的补充，可使果形整齐，提高商品率。疏果必须在幼果青色时期进行，疏除畸形果、病虫果和小果。笔者在红颜品种上做过试验：将高于三级序果全部疏除，每花序留 7 只果，采摘时平均每花序的果实产量为 179.2 克，按每公顷栽 9 万株计，则每一级花序的公顷产量可达 15 吨，正常情况下若以 2～3 级花序结果计，则每公顷产量可达 30～45 吨。同时，疏花果后可以明显提高草莓单果重，使各花序连续结果采摘上市。

（二）预防畸形果

畸形果是指与该品种固有果型不同的果实，典型的畸形果有鸡冠果、平顶果、不完全发育果和僵果等。但在我国目前实际生产和市场销售中，不同的畸形果对效益的影响不同。如鸡冠果是畸形果，但在我国消费者中，并没有因其畸形而影响消费者的喜好和商品性，反而因其畸形而受部分消费者的青睐，生产者效益也没有受到影响。不完全发育果、僵果则不能成为商品果，直接影响产量和生产效益。不同的畸形果产生原因不同，主要有两方面：鸡冠果、平顶果等是由于在花芽分化时氮素过多引起；不完全发育果、僵果则是由于授粉不良引起的。所以要防治畸形果的产生，在管理上一是应在草莓花芽分化期控制氮肥的施入量；二是要控制授粉不良的产生，如大棚内要有足够的授粉蜜蜂，开花盛期控制大棚内温度、降低湿度，尽量避免喷施农药，10 月下旬初盖大棚保温时要防止温度过高，冬季防止温度过低造成冻害等。

（三）放蜂授粉

草莓促成栽培的开花期正处于秋冬季，尤其是 1～2 月塑料大棚内气温低，昆虫少，加上通风相对差、湿度大等原因，造成花粉不能飞散，授粉不良，影响产量和效益。利用大棚内放养蜜蜂辅助授粉可以有效解决这个问题，明显提高坐果率和产量。

1. 蜜蜂入棚时间　一般在 5% 草莓植株开花时，蜜蜂入棚较适宜。过早入棚蜜蜂会由于觅花粉而伤害花蕊，过晚则影响授粉效果。

2. 适宜蜂种　中华蜜蜂（土蜂）优于意大利蜜蜂，因为中华蜜蜂个体小，飞行高度低，授粉效果好。

3. 放蜂量　一般一个标准大棚放养一箱（桶）蜂，使平均每株草莓大致有 1 只蜂为佳。

4. 蜜蜂管理　蜜蜂入棚后，因花量少不够蜜蜂采食，需要饲喂。可把白砂糖与冷开水按 1∶0.4 的比例配好，溶解后放置于蜂箱前面，供蜜蜂取食。蜜蜂活动最适温度是 20℃ 左右，低于 10℃ 一般不活动，故要保持一定的棚温并经常清扫蜂箱底部杂物以防发生螨虫。

5. 放蜂期间的草莓管理　从放蜂前 10 天开始不能喷洒杀虫剂，放蜂期间更不能喷洒各种农药，以防杀伤蜜蜂。在放蜂结束或中途移出轮用时，可采取通风降温措施，当温室温度降低到 15℃ 以下时，蜜蜂会自动飞回箱中。

（四）果实表面污染控制

草莓全果可食，食用部分直接暴露于环境中，生产过程中草莓果实表面污染一直是消费者担忧的问题。生产过程中控制草莓果实表面污染的主要措施有：

（1）采用高畦栽培，畦面和沟底的高差增加到 35 厘米以上，减少在沟中行走是踢到草莓果实的概率。

（2）土面铺地膜或清洁网布，将土壤与草莓果实隔离，减少土壤中的污染物污染草莓果实。

（3）采用水肥一体化系统进行膜下施肥，避免肥料污染草莓果实。

（4）采用高架栽培，减少污染物接触草莓果实。

（5）加强草莓园管理，持续保持草莓园地的环境整洁。

（五）果实成熟着色管理

在促成栽培条件下，从开花到果实成熟的时间主要受温度影响，而与果实的大小无相关性，即无论果实大小，如果其开花期相同，在相同温度条件下，则它们的成熟期大致相同。而光照的充足与否，则影响果实的着色程度。据笔者观察，草莓果实的着色和成熟过程有两种类型：一种是从果顶开始着色，逐渐向果蒂部成熟；另一种是从果实的阳面开始着色成熟，渐向全果。第一种情况，如丰香品种在日平均气温 6～10℃时，正常晴天日照下需要 10 天左右达到成熟；而第二情况则 5～7 天就能成熟。因此，在生产上采用人工拉长花茎并把花序理顺挂到沟沿，以避免被叶片遮光，充分接受光照，增加着色，提高光泽度。

五、生 长 调 节

（一）休眠期的调节

草莓植株进入秋季后，随着气温降低，草莓的匍匐茎发生逐渐停止，叶柄、叶身变短，整个植株矮化，即草莓休眠。在浙江建德，自然条件下一般从 10 月下旬开始进入休眠。

在促成栽培中，生产上主要通过覆盖大棚膜保温和喷施赤霉素等措施来防止或打破草莓植株的休眠。当 10 月下旬夜间气温低于 12℃、植株将要进入休眠时，覆盖大棚膜保温，畦面用 0.3～0.5 毫米的黑色聚乙烯地膜覆盖。在草莓现蕾期喷施赤霉素，既可防止草莓植株休眠，又兼有拉长花序的作用。喷施赤霉素一般选在地膜覆盖以后，生产上一般喷两次，第一次浓度为 10 毫克/千克，每株 5 毫升喷布于植株的芯部；约7 天后喷第二次，浓度为 5 毫克/千克，每株喷液量也为 5 毫升。喷赤霉素的效果与喷布时的温度密切相关，只有在较高温度条件下其效果才能充分体现，白天温度一般要求维持在25℃以上。同时，应注意的是品种间差异很大，丰香品种必须喷布，且在各个花序的花蕾出现时都应该喷布，而红颜、章姬品种则不需要喷布赤霉素。

（二）结果期调节

主要通过促进草莓苗花芽分化，提早种植，提前上市，以获得良好的经济效益。在日本等国家，利用人工气候室处理草莓苗，使草莓苗提前进行花芽分化，但我国目前因考虑到成本等各种因素没有推广应用。目前生产上能实际应用并可操作的是利用山区育苗来促进草莓苗花芽分化，提早种植，提前上市。如浙江省建德市杨村桥镇的长宁村，8 月中下旬日照时间比平原地区少 3 小时、平均气温低 1~2℃。该区域农户一般在 8 月 25 日左右开始定植，11 月 10 日左右开始有草莓上市，比其他地区要早 10~15 天。

（三）成熟期调节

随着草莓产业的发展和人民生活水平的提高，成熟期调节显得越来越重要。在元旦、春节等节假日时间，市场需要大量的鲜草莓，而此时却往往遇上第一花序与第二个花序之间果实的"断档"期，草莓上市量少，这对满足草莓的市场需求、提高生产效益都极为不利。如建德市 2006 年 11 月 11 日草莓就已经开始上市，但到 2007 年 1 月中旬第一花序基本采摘结束，第二花序受气候限制，到 2 月下旬至 3 月初才大批量上市，导致春节（2 月 17 日）期间上市草莓很少，供不应求。

在生产上可操作性的调节草莓成熟期的方法是倒推法，即从目标采摘日往前推算，如从现蕾到开花为 10～15 天，从开花到谢花为 5～7 天，从谢花到成熟为 20～45 天，则从现蕾到采摘计 35～67 天。若计划在 2 月 10 日前后采摘，则 12 月 5～10 日必须现花蕾。在生产上根据以上日期推算，并结合不同气候条件，采取各种措施调节开花和结果期，达到最佳经济效益。

第九章
保护地促成栽培

露地栽培草莓上市期短，产量低。如长江流域草莓露地栽培在 10 月中下旬定植，翌年 2 月上中旬松土、追肥并覆盖地膜，4 月中旬开始零星上市，5 月上旬为采摘高峰期，5 月中旬即采摘结束，上市期仅 1 个月左右。北方地区于 8 月初至 8 月中旬定植，5 月中下旬至 6 月上旬采摘，上市期不到 1 个月。

为了延长草莓的上市期和提高产量，最有效的方法就是采用保护地促成或半促成栽培。

一、设施材料的选择和棚室搭建

草莓保护地栽培在不同地区、不同自然条件和不同的生产力水平下，可以因地制宜地选用不同的设施类型，目前在长江流域一般采用大棚、中棚和小拱棚为主要保护设施，而北方多采用日光温室。

(一) 塑料薄膜小拱棚

小拱棚在各地应用广泛，设施简易，拱架就地取材方便，用竹片、细竹竿弯成弧形，近年来也有用钢筋的，上面覆盖塑料薄膜即成。小拱棚宽度多为 1～2 米，高 0.6～1 米，长度不等，拱形竹片或钢筋间距 0.5～0.8 米。

小拱棚特点是低矮，容积小，升温快，降温也快，进行作业时不能在棚内，小拱棚受棚外温度影响明显，特别是两边温度低，中间温度高，植株生长不整齐，中间易徒长，两边矮小。因此，在管理中适时通风调节温度非常重要。目前，在草莓保护地栽培中，小拱棚主要是在气温比较低、需要两层保温时，应用于大棚之内。

（二）塑料薄膜大棚

塑料薄膜大棚主要有竹木结构和钢管结构两种。

1. 竹木结构　棚宽6～12米，高1.8～2.5米，长30～60米，中间设有1～2排支柱，支柱间距4～6米，各支柱上用木头固定连接；两边设有一排0.8～1米高围裙栏杆，棚的两端用木头把支柱和围裙支架固定，棚面每隔0.6～0.8米用一竹片横向连接至两边围裙支架上，用10号铁丝或绳拧紧，形成一个整体。在两根拱杆间用1条塑料压膜带压紧，压膜带的两端拴在预制的地锚上。这种大棚的优点是取材方便，建造容易，造价低，容易推广。

2. 钢管大棚　钢管大棚的拱杆、纵向拉杆、端头立柱等骨架均为薄壁的钢管。这些骨架通过专用卡具连接形成整体，所有的杆件和卡具均采用热镀锌防锈处理，目前，市场上有20多个系列的标准化成套产品可供选用。这类大棚一般跨度4～12米，肩高1～1.8米，脊高2.5～3.2米，长30～60米，拱架间距0.5～1米，纵向用拉杆连接固定形成整体，再在大棚骨架上覆盖保温膜保温。保温膜一般用0.07毫米的多功能聚乙烯无滴膜，在两根拱杆间用1条塑料压膜带压紧，压膜带的两端拴在预制的地锚上。另外，必要时还可配套遮阳网遮阳降温和卷膜机卷膜通风。

这种大棚为组装式结构，建造方便，并可拆卸迁移，棚内空间大，遮光少，作业方便，有利于作物生长。构件抗腐蚀，整体强度高，承受风雪能力强，使用寿命可达 15 年以上，是目前比较实用的大棚结构形式。

（三）日光温室

建造日光温室应选择在背风向阳、土壤肥沃、pH 在 5.5～6.5、较平整且有排灌条件的土地。温室建造要着重考虑日光的利用，根据不同纬度冬季太阳高度角的差异设计合理的屋面角（表 9-1）、适宜的温室朝向、高度及跨度，利用透光性强的棚膜。一般日光温室以坐北朝南最佳，偏东西向角度越小越好。温室长度与跨度应根据地形、面积、方便管理及低造价来决定，一般以跨度 7～8 米、长度 50～80 米为好。日光温室的北墙体厚可根据纬度不同而异，一般在北纬 35°～40°地区应达到 0.8 米，在北纬 40°以北地区应达到 1～1.5 米，东西山墙可稍薄。后墙高一般为 2 米左右，1 米以下以石砌为好，1 米以上用两层空心砖或土打墙，墙体夹心充填稻壳、珍珠岩、泡沫板等更好。畦面北至南高低落差 10～15 厘米，以利于充分利用光照；距温室前端 0.7 米挖深 0.5 米、宽 0.8 米防寒沟，沟内置放碎草，上盖土压实。保温棚膜选择 PVC 无滴膜为宜，后墙提倡培土或在山墙外盖搭一层塑料薄膜保温。

表 9-1 不同纬度地区的合理屋面角

纬度	37°	38°	39°	40°	41°	42°	43°	44°	45°
屋面角	20.5°	21.5°	22.5°	23.5°	24.5°	25.5°	26.5°	27.5°	28.5°

1. 竹木结构温室　温室宽度 7～8 米，脊高 2.8～3 米。前底角高 0.9 米左右，与地面夹角 80°左右。前屋面角度 23°～25°，坡柱间距根据后屋桁、檩承压能力大小酌定，前屋面根据拱杆承压能力大小而定 2～3 道横梁，并根据横梁承压能力定横梁下支柱间距。拱杆间距 0.8 米左右，横梁上设小吊柱支

撑拱杆，避免薄膜与横梁磨损而破裂。

2. 钢筋架三折式无支柱温室　温室宽度 8 米左右，脊高 3.2～3.5 米。前底角高 0.8～0.9 米，与地面夹角 75°～80°。前屋面中部角度 25°～30°，上部 20°～25°，后屋面仰角 30°～35°。钢筋拱架为两道粗钢筋或钢管之间用细钢筋焊接组成，后屋架长 2 米，前屋架根据占地跨度设计长度和坡度，拱架间距 0.8 米左右，拱架下面用 3～4 道钢筋焊接在一起，拱架底端焊接在前角地基或水泥柱中的钢筋上。

（四）大型连栋温室

传统的大型连栋温室主要由玻璃和钢架构成，但进入 21 世纪以来，大型连栋塑料温室也得到迅速发展。与玻璃温室相比，连栋塑料温室具有重量轻、骨架材料用量少、结构件遮光率小、造价低等优点，且温湿度等环境条件的调控能力可基本上达到玻璃温室的水平。建造大型连栋玻璃或塑料温室都可从市场上购到成套设施构件。

二、棚室内的温湿度管理

（一）温度管理

1. 适时覆膜保温　草莓促成栽培通过适时覆膜（地膜和棚膜）保温等措施来满足草莓继续生长发育、开花结果对温度的要求，防止草莓植株进入休眠。开始覆膜保温的适宜时间应掌握在第二花序（第一侧花序）花芽已分化，而植株没有进入休眠前，在浙江杭州地区一般为 10 月下旬，而北方则多为10 月上旬。

2. 棚室内温度的控制目标　开始覆膜保温后，棚室内温度的控制目标见表 9 - 2。

表 9-2　设施栽培草莓棚室温度的控制目标

项　　目	盖膜初期	现蕾期	开花期	壮果期	采果期
白天最高温度（℃）	30	25～27	23～25	23～25	25
夜间最低温度（℃）	12	10～12	8～10	5～7	3～5

3. 增温措施　在长江流域进行塑料大棚栽培用一层大棚膜保温时，一般棚内夜间最低温度可提高 1～2℃，采用两层膜保温时，温度可提高 2～4℃。当棚室内夜间最低温度可能降到 0℃以下时，夜间要采用双层膜保温；当双层膜保温后，棚室内温度仍可能低于 0℃时，必须采用其他措施进行升温。目前，我国农村比较实用的升温措施主要有：①在大棚内膜内，增设小拱棚或直接将农膜覆盖在草莓植株上，第二天太阳出来气温上升后揭除并通风。②加盖草帘保温，草帘以稻、麦秸为好，厚度 5 厘米以上，寒冷地区还应在草帘下增加纸被防寒，保温纸被采用多层牛皮纸中间夹缝编织袋帘。③当寒潮低温来临时，一个 180 米² 的标准棚可人工增设 1～2 个无烟火盆，也可在火盆上煮水，利用水蒸气增加棚温。这种方法必须注意人员安全，生火后人必须离开大棚内，以防一氧化碳中毒，且第二天要及时开棚换气。④挂设 1 000 瓦灯泡，每棚两盏，以电加温提高棚温。为了节约能源和成本，以上加温措施，一般可在晚间最寒冷时间段棚内气温下降到 0℃以下后（一般在清晨）进行，当棚内气温达到 0℃以上时可暂停加温。

4. 掀膜换气　在严寒的冬季，白天为了达到既能掀棚膜换气，又能保持一定的棚温，则应在掀棚膜换气方式上注意：掀棚膜换气的时间可适当延迟到上午 9～10 时，经 3～4 小时换气后可重新盖好棚膜或减小换气口；下午要提前结束换气，一般太阳不能直接照射到大棚时就要盖好棚膜，以保证棚室内的温度。

5. 及时撤膜　当气温逐渐回升，两层膜棚室内最低气温高于5℃时（长江中下游地区一般在3月中旬前后），可以撤去一层棚膜。当夜间最低气温高于12℃时（长江中下游地区一般在4月下旬前后），夜间可以不用闭棚，或除去棚两侧围裙膜。并注意使棚内温度控制在30℃以下。

（二）湿度管理

棚室内空气湿度过高会影响草莓花粉的发芽率，并加重病害的发生。当空气湿度在40%左右时，花药开药率和花粉发芽率均达最高；而空气湿度在80%以上时，花药开药率和花粉发芽率均显著下降。所以当草莓开花盛期，大棚内尤其是中午时段要尽量保持大棚内较低的空气湿度，一般要求在60%以下，才有利于花药开药和花粉发芽受精。在生产上一般可采用以下几种方法来降低大棚内空气湿度，同时又使土壤保持必要的湿度。

1. 畦面全地膜覆盖 采用1.35米宽的地膜覆盖土面，使畦和沟都能被地膜覆盖，大大减少大棚内空气湿度，又能提高大棚内清洁度，防治土壤对果实的污染，提高果实品质，同时还有利于保持土壤湿度，提高土壤温度，促进根系生长。

2. 沟内铺稻秆 在草莓棚室的沟内铺稻秆，具有一定的吸湿作用，且十分有利于减少土壤对草莓果实的污染，尤其适宜于供休闲观光型草莓栽培园地。

3. 换气降湿 经常适时通风换气可有效地降低棚室内湿度，即使在寒冷的冬季，白天也要利用中午气温高时掀起两侧薄膜通气降湿。另外，当遇降雪量大时，需把大棚膜上的积雪及时除去，避免压坏大棚。

第十章
四季性品种夏秋栽培

普通草莓品种在自然状态下生长，采收上市期通常只有1个月左右，通过保护地促成栽培，采收上市期已经延长到6个月左右，但在夏秋季节仍然没有新鲜草莓可以上市。培育在长日照条件下可以进行花芽分化的四季性草莓品种，实行夏秋栽培，可在很大程度上弥补这个市场空缺。

一、四季性草莓品种的特征

四季性品种和单季性品种从外观上无法区别，主要的不同是花芽分化对光周期反映的差异，同时在匍匐茎发生、分枝性、长势和果实大小等方面也有程度上的区别。四季性草莓品种与单季性品种的特性比较如表10-1所示。

表10-1 草莓中四季性品种和单季性草莓品种的特性比较

特 性	四季性品种	单季性品种
花芽分化	量变长日植物（高温下为质变长日植物）	量变短日植物
匍匐茎发生	少	多
分枝性	强	弱
长势	弱	强
果实大小	小	大

二、草莓品种的四季性强弱与成花诱导

四季性草莓品种在整个夏秋季节都会形成花序，但不同品种之间的花序数有显著差异，这样差异性称为四季性的强度，或者称为连续开花性或连续出蕾性。四季性强的品种，其花序连续发生，采收集中，但有时因花序过多，栽培管理过程中需要摘除部分花序或花朵；与此相反，四季性弱的品种，花序数量少，发生不连续，产量低，栽培管理中需要采取增加花序数量的措施（表 10-2）。

四季性草莓品种的成花虽然由品种的遗传基因控制，但也受环境条件和生长发育阶段的影响。

1. 苗龄 一般苗龄越大，花芽分化越容易。隔年苗比起当年苗开花较早，花序数量也较多，因此，夏秋栽培通常使用隔年苗。

2. 低温需要量 草莓在自然条件下，冬季停止生长发育进入休眠，打破休眠必须要求有一定的低温条件。和单季性品种一样，四季性品种在打破休眠后也存在成花抑制时间，但比起单季性品种，这个过程较短。

3. 成花温度 四季性品种的成花在高温条件下明显受到抑制，自然条件下高温会引起花序数量的减少。夏秋栽培中可通过铺设遮光材料等来达到缓解夏季高温的效果，但类似措施效果也有限。

4. 光周期 四季性品种在长日条件下促进成花。日长越长，营养生长期越短，在较短间隔内花序依次分化；而长日较短时，营养生长期延长，发生花序的间隔期变长。

长日处理是增加四季性品种花序数量的有效方法，一般认为诱导分化出花芽在 24 小时日长条件下需要 1～2 周，有光中断时需要 2 周，16 小时日长条件下需要 1 个月。因此，不中

断光处理效果最为稳定，这是在花芽分化不稳定时很有用的成花诱导技术。

表 10 - 2　四季草莓品种的四季性与总花序数、开花株率、第一花序着生节位及熟期的关系

品种	四季性	每株总花序数	开花株率（%）	第一花序着生节位	熟期
暖炉	强↕弱	6.6	100	7.5	低↕高 早↕迟
海克		5.1	100	7.1	
三好		4.6	100	6.6	
蛋糕红		4.2	100	8.5	
枥瞳		4.1	100	6.9	
HS - 138		3.9	85	9.2	
四季莓		3.8	100	7.3	
宫崎夏遥		3.6	90	9.2	
夏公主		3.2	100	8.2	
君之瞳		2.8	55	12.7	
夏之仙子		1.7	65	12.2	
夏季皇冠		1.5	95	8.2	
盛冈 34 号		1.5	80	9.5	
赛娃		1.5	50	15	
大石四季成		1.4	50	14.1	
阿波四季		0.7	40	15.7	
夏莓		0.3	25	17.2	
盛冈 33 号		0	0	17.2	
夏灯		0	0	24	

（每株总花序数列：多↕少；开花株率列：高↕低）

注：①表中数据来源于日本东北农业研究中心在相同条件下的试验观察结果；
②开花株率是指 10 月 31 日前开花的植株数占试验观察的植株总数的百分率；
③未开花植株的第一花序着生节位是利用立体显微镜进行解剖观察获得。

三、栽培管理的主要特点

四季性品种的夏秋收获栽培分为春定植、夏定植、秋定植3个模式。春定植是将前一年秋天育成的营养钵苗或者是假植苗在露地越冬，或者贮存在冷库中，春季定植，初夏至秋季采收的栽培模式。夏定植是初夏长出的匍匐茎子苗经过1个月左右的育苗，在盛夏或晚夏定植，在秋季进行采收的栽培模式。秋定植是在初夏至初秋期间用产生的匍匐茎进行育苗，秋季定植在露地或大棚内越冬，翌年初夏至秋季进行采收的栽培模式。其中普遍采用的栽培模式是春定植，其次是秋定植，夏定植很难确保种苗且采收期短，因此很少采用。

（一）春定植模式

宜在春季地温回升到15℃左右时定植，我国多数地区为4月前后。定植的前一年秋季先施入有机肥，并通过翻耕与土壤充分混合。有机肥不足，需要补充化肥作为基肥的，在定植前2周左右施入。利用冷藏苗时，在冷水中解冻后，栽入营养钵中，经大约1个月的缓苗后再定植。若直接定植冷藏苗，易出现成活率低、发育不整齐等现象。定植后注意观察土壤湿度，必要时及时浇水。

摘除5月中旬前出蕾的全部花序，同时适当摘除植株基部出现的腋芽。四季性比较弱，频繁出现无芽植株的品种不要摘除腋芽。土耕栽培的，从果实肥大期开始，每隔10天左右施一次尿素，每次施用量控制在每公顷10千克左右，配成水溶液后浇施。高架营养液栽培的，定植后至果实开始膨大期间，施用较低浓度的培养液，进入果实膨大期后，施用较高浓度的培养液，根据天气情况，一般每天供液2～6次。

在5月下旬进入开花期后，应放养蜜蜂来促进授粉。6月中下旬可进入采收期，花序陆续发生，采收期一直可持续到11月左右。但8～9月由于受7～8月高温影响，花芽分化减少，即使结出果实，也会出现未受精果、小果和着色不良果的比例高的现象，有效产量会有一个低谷。为了尽量提高低谷期产量，进入盛夏高温季节时可因地制宜，采取一些可行的降温措施，如盖遮阳网、灌溉凉水、开启水帘、增加通风等。同时，对于花序比较多的品种，还要仔细地做好疏花疏果工作。

夏秋栽培中，偶然会发生无芽植株问题。为了维持长势和产量，最好采用2～3芽株型。尤其是无芽植株发生率比较高的品种，严禁采用1芽株型。

（二）秋定植的栽培管理

定植要在气温显著下降前的9月下旬至10月上旬进行。在定植前的1个月左右先施入有机肥，并通过翻耕与土壤充分混合。有机肥不足，需要补充化肥作为基肥的，在定植前1～2周施入。定植后及时浇水，促进成活。

当年出蕾时，适量摘除花序。在冬季能长期积雪的地区，可让草莓苗覆盖在积雪下面越冬，遭受寒害的危险性较低；但在积雪少的地区，须使用防寒材料保护，以免发生冻害。越冬后，于4月左右覆盖大棚保温，摘除下部叶片和老花序。在开始开花时放蜂授粉，果实膨大期，每隔10天左右追施一次肥料，以氮肥为主，每次每公顷可用10千克尿素，配成水溶液浇施。

通常5月中旬前后就可采摘第一批果实，这批果实是前一年秋季形成的花芽。此时如果促成栽培草莓还在上市，可能价格难以提升。生产者可以选择将前一年秋季花芽分化的第一批花序全部摘除，集中培养6月采收的草莓。盛夏高温季节要因地制宜，采取一些可行的降温措施，如盖遮阳网、灌溉凉水、开启水帘、增加通风等。同时，7月中旬至8月发生的弱花序

也应尽早摘除，预防植株衰弱，为提升秋季产量做准备。

由于夏秋栽培草莓采收期气温高，与露地和促成栽培相比，对采收和贮运的要求也更高。为防止高温引起品质劣变，应在气温较低的早晨采收，并尽快放入5℃的预冷库中，以降低果实温度。为减少采收过程中的机械损伤，宜在成熟度较低（5分着色左右）时及时采收。采收过程勿直接触摸果实，避免太阳直晒，快速开关预冷库等。包装通常应使用单果凹陷的托盘，一边检查确认从预冷库中出库的果实没有混入病虫果和残次果，一边按照规格装箱，装箱后出运前要及时放回预冷库中贮存。运输应采用冷链，为防止振动摇摆造成果实损伤，需打好包再运输。

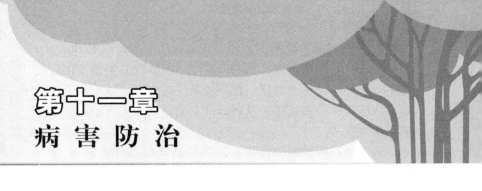

第十一章
病害防治

一、草莓灰霉病

草莓灰霉病是草莓重要病害之一，分布广泛，发生严重年份可减产 50％以上。除危害草莓外，还可危害番茄、辣椒、莴苣、茄子、黄瓜等多种蔬菜。

1. 危害症状　草莓灰霉病主要危害果实、花及花蕾，叶、叶柄及匍匐茎均可感染。叶片染病，初始产生水渍状病斑，扩大后病斑褪绿，呈不规则形；田间湿度高时，病部产生灰色霉层，发生严重时病叶枯死。叶柄、果柄及匍匐茎染病，初期为暗黑褐色油渍状病斑，常环绕一周，严重时受害部位萎蔫、干枯；湿度高时病部也会产生灰白色絮状菌丝。花器染病，初在花萼上产生水渍状小点，后扩展为椭圆形或不规则形病斑，并侵入子房及幼果，呈湿腐状；湿度大时病部产生厚密的灰色霉层，即病菌的分生孢子梗及分生孢子。未成熟的浆果染病，起初产生淡褐色干枯病斑，后期病果常呈干腐状。已转乳白或已着色的果实染病，常从果基近萼片处开始发病，发病初期在受害部位产生油渍状浅褐色小斑点，后扩大到整个果实，果变软、腐败，表面密生灰色霉状物，湿度高时长出白色絮状菌丝。

2. 发生特点　此病由真菌半知菌亚门灰葡萄孢菌 *Botrytis cinerea* Pers. 侵染所致。病菌以菌丝、菌核或分生孢子在病残体上或土壤中越冬和越夏。在环境条件适宜时，分生孢子借风雨及农事操作传播蔓延，发病部位产生新的分生孢子，重复侵染，加重危害。

病菌喜温暖潮湿的环境，发病最适气候条件为温度 18～25℃，相对湿度 90％以上。常年浙江及长江中下游地区草莓灰霉病的发病盛期在 2 月中下旬至 5 月上旬及 11～12 月。草莓发病敏感生育期为开花坐果期至采收期，发病潜育期为 7～15 天。

保护地栽培比露地栽培的草莓发病早且重。阴雨连绵、灌水过多、地膜上积水、畦面覆盖稻草、种植密度过大、生长过于繁茂等条件下，易导致草莓灰霉病严重发生。

3. 防治要点

（1）选用抗病品种，品种间的抗病性差异大，一般欧美系等硬果型品种抗病性较强，而日本系等软果型品种较易感病。

（2）合理密植，避免过多施用氮肥，防止茎叶过于茂盛，增强通风透光。

（3）及时清除老叶、枯叶、病叶和病果，并带出园外销毁或深埋，以减少病原。

（4）选择地势高燥、通风良好的地块种植草莓，并实行轮作，保护地栽培要深沟高畦，覆盖地膜，以降低棚室内的空气湿度，并及时通风透光。

（5）药剂防治①。以预防为主，用药最佳时期在草莓第一

─────────────

　①　本书推荐使用的农药兼顾了农药登记现状、生产实际需要、技术合理性和安全性，由于农业部农药登记是动态变化的，目前在草莓上登记的农药又比较少，推荐使用的农药中部分尚未在草莓上登记，农药使用者应根据当地管理部门要求，结合农药标签信息和农业部农药登记公告等，选择适当的农药。

花序有 20%以上开花、第二花序刚开花时。药剂可选用 1 000
亿个/克枯草芽孢杆菌可湿性粉剂 600～900 克/公顷，或 50%
啶酰菌胺水分散粒剂 450～675 克/公顷，或 50%嘧菌环胺水
分散粒剂 450～720 克/公顷，或 42.4%唑醚·氟酰胺悬浮剂
180～360 克/公顷，38%唑醚·啶酰菌胺水分散粒剂 600～
900 克/公顷稀释喷雾，或 50%克菌丹可湿性粉剂 400～600
倍，或 50%烟酰胺干悬浮剂 1 200 倍液，或 50%乙烯菌核利
干悬浮剂 1 000～1 500 倍液，或 40%嘧霉胺悬浮剂 800～
1 000 倍液，或 75%代森锰锌干悬浮剂 600 倍液，或 50%异菌
脲悬浮剂 800 倍液，或 50%腐霉利可湿性粉剂 800 倍液等喷
雾；每 7～10 天 1 次，连续防治 2～3 次，注意交替用药。施
药时上述药剂与有机硅农用助剂 3 000 倍液配合使用，则防治
效果更佳。保护地还可选用 10%腐霉利烟剂或 45%百菌清烟
剂，每公顷用药 3～3.8 千克，于傍晚用暗火点燃后立即密闭
烟熏一夜，翌日打开通风。烟熏效果一般优于喷雾，因其不增
加湿度，防治较为彻底。

二、草莓白粉病

草莓白粉病是草莓重要病害之一。在草莓整个生长季节均
可发生，苗期染病造成秧苗素质下降，移植后不易成活；果实
染病后严重影响草莓品质，导致成品率下降。在适宜条件下可
以迅速发展，蔓延成灾，损失严重。

1. 危害症状　草莓白粉病主要危害叶、叶柄、花、花梗
和果实，匍匐茎上很少发生。叶片染病，发病初期在叶片背面
长出薄薄的白色菌丝层，随着病情的加重，叶片向上卷曲呈汤
匙状，并产生大小不等的暗色污斑，以后病斑逐步扩大且叶片
背面产生一层薄霜似的白色粉状物（即为病菌的分生孢子梗和
分生孢子），发生严重时多个病斑连接成片，可布满整张叶片；

后期呈红褐色病斑，叶缘萎缩、焦枯。花蕾、花染病，花瓣呈粉红色，花蕾不能开放。果实染病，幼果不能正常膨大，干枯，若后期受害，果面覆有一层白粉，随着病情加重，果实失去光泽并硬化，着色变差，严重影响浆果质量，并失去商品价值。

2. 发生特点　此病由真菌子囊菌亚门单囊壳属的羽衣草单囊壳菌 *Sphaerotheca aphanis* 侵染所致。病原菌是专性寄生菌，以菌丝体或分生孢子在病株或病残体中越冬和越夏，成为翌年的初侵染源，主要通过带菌的草莓苗等繁殖体进行中远距离传播。环境适宜时，病菌借助气流或雨水扩散蔓延，以分生孢子或子囊孢子从寄主表皮直接侵入。经潜育后表现病斑，7 天左右在受害部位产生新的分生孢子，重复侵染，加重危害。

病菌侵染的最适温度为 $15 \sim 25 ℃$，相对湿度 80% 以上，但雨水对白粉病有抑制作用，孢子在水滴中不能萌发；低于 $5℃$ 和高于 $35℃$ 均不利于发病。常年浙江及长江中下游地区保护地草莓的发病盛期在 2 月下旬至 5 月上旬与 10 下旬至 12 月。草莓发病敏感生育期为坐果期至采收后期，发病潜育期为 $5 \sim 10$ 天。

保护地栽培比露地栽培的草莓发病早，危害时间长，受害重。栽植密度过大、管理粗放、通风透光条件差、植株长势弱等，易导致白粉病加重发生。草莓生长期间高温干旱与高温高湿交替出现时，发病加重。品种间抗病性差异大。

3. 防治要点

（1）选用抗病品种，培育无病壮苗。不同的草莓品种对白粉病抗性有较大差异，宜选择章姬、红颜、宝交早生、哈尼、全明星等对白粉病抗性较强的品种。

（2）加强栽培管理。栽前种后要清洁园地；草莓生长期间应及时摘除病残老叶和病果，并集中销毁；要保持良好的通风透光条件，雨后及时排水，加强肥水管理，培育健壮植株。

（3）药剂防治。露地草莓开花前的花茎抽生期和保护地栽培的 10～11 月和翌春 3～5 月是预防关键时期。在发病初期，选用 1 000 亿个/克枯草芽孢杆菌可湿性粉剂 480～720 克/公顷，或 4%四氟醚唑水乳剂 750～1 250 克/公顷，或 30%氟菌唑可湿性粉剂 225～450 克/公顷，或 12.5%粉唑醇悬浮剂 450～900 克/公顷，42.4%唑醚•氟酰胺悬浮剂 360～525 克/公顷，或 300 克/升醚菌•啶酰菌胺悬浮剂 375～750 毫升/公顷稀释喷雾，或 50%烟酰胺干悬浮剂 1 200 倍液，或 50%醚菌酯干悬浮剂 3 000～5 000 倍液，或 10%苯醚甲环唑水分散粒剂 1 000～1 200 倍液，或 99%矿物油乳油 300 倍液，或 5%高渗腈菌唑乳油 1 500 倍液，或 40%氟硅唑乳油 4 000 倍液，在发病中心及周围重点喷施；每 7～10 天 1 次，连续防治 2～3 次。施药时上述药剂与有机硅农用助剂 3 000 倍液配合使用，则防治效果更佳。保护地还可选用 45%百菌清烟剂或 20%百菌清＋腐霉利烟剂在傍晚闭棚后熏蒸防治。早春连续低温天气或遇寒流侵袭时，三唑酮、腈菌唑、戊唑醇、苯醚甲环唑、氟硅唑等三唑类杀菌剂易引起草莓滞长，应慎用或停用。

三、草莓炭疽病

草莓炭疽病是草莓苗期的主要病害之一，南方草莓产区发生尤为普遍。

1. 危害症状　草莓炭疽病主要发生在育苗期（匍匐茎抽生期）和定植初期，结果期很少发生。其主要危害匍匐茎、叶柄、叶片、托叶、花瓣、花萼和果实。染病后的明显特征是草莓植株受害可造成局部病斑和全株萎蔫枯死。匍匐茎、叶柄、叶片染病，初始产生直径 3～7 毫米的黑色纺锤形或椭圆形溃疡状病斑，稍凹陷；当匍匐茎和叶柄上的病斑扩展成为环形圈时，病斑以上部分萎蔫枯死，湿度高时病部可见肉红色黏质孢子堆。该病除引起局部病斑外，还易导致感病品种尤其是草莓秧苗成片萎蔫枯死；当母株叶基和短缩茎部位发病，初始1～2片展开叶失水下垂，傍晚或阴天恢复正常，随着病情加重，则全株枯死。虽然不出现心叶矮化和黄化症状，但若取枯死病株根冠部横切面观察，可见自外向内发生褐变，而维管束未变色。浆果受害，产生近圆形病斑，淡褐至暗褐色，软腐状并凹陷，后期也可长出肉红色黏质孢子堆。

2. 发生特点　此病由真菌半知菌亚门毛盘孢属草莓炭疽菌 *Colletotrichum fragariae* Brooks 侵染所致，其有性阶段为子囊菌亚门小丛壳属的 *Glomerella fragariae*。病菌以分生孢子在发病组织或落地病残体中越冬。在田间分生孢子借助雨水及带菌的操作工具、病叶、病果等进行传播。

病菌侵染最适气温为 28～32℃，相对湿度在 90% 以上，是典型的高温高湿型病害。5 月下旬后，当气温上升到 25℃以上，草莓匍匐茎或近地面的幼嫩组织易受病菌侵染，7～9 月间在高温高湿条件下，病菌传播蔓延迅速。特别是连续阴雨或阵雨 2～5 天或台风过后的草莓连作田、老残叶多、氮肥过量、植株幼嫩及通风透光差的苗地发病严重，可在短时期内造成毁灭性的损失。近几年来，该病的发生有上升趋势，尤其是在草莓连作地，给培育壮苗带来了严重障碍。

3. 防治要点

（1）选用抗病品种。品种间抗病性差异明显，如宝交早生、早红光等品种抗病性强，丰香等品种抗病性中等，丽红、女峰、春香、章姬、红颜等品种易感病。

（2）育苗地要严格进行土壤消毒，避免苗圃地多年连作，尽可能实施轮作制。

（3）控制苗地繁育密度，氮肥不宜过量，增施有机肥和磷钾肥，培育健壮植株，提高植株抗病力。

（4）及时摘除病叶、病茎、枯叶、老叶及带病残株，并集中烧毁，减少传播。

（5）对易感病品种可采用搭棚避雨育苗，或夏季高温季节育苗地遮盖遮阳网，减轻此病的发生危害。

（6）药剂防治。在发病前用 60％唑醚·代森联可分散粒剂 1 200 倍液等喷雾预防。在发病初期选用 25％吡唑醚菌酯乳油 2 000～2 500 倍液，或 32.5％苯甲·嘧菌酯悬浮剂 1 000～1 500 倍液，或 25％咪鲜胺乳油 1 000 倍液，或 43％戊唑醇悬浮剂 4 000 倍液，或 20％苯醚甲环唑微乳剂 1 500 倍液，或 68.75％噁唑菌酮水分散性粉剂 800～1 000 倍液，或 70％丙森锌可湿性粉剂 600～800 倍液等喷雾，每 10 天左右 1 次，连续防治 3～5 次。

四、草莓枯萎病

草莓枯萎病是一种真菌性维管束病害，在我国主要草莓产地多有发生，严重时造成大量死苗。

1. 危害症状 草莓枯萎病多在苗期和开花坐果期发病。发病初期，叶柄出现黑褐色长条状病斑，外围叶自叶缘开始变为黄褐色。严重时叶片下垂，变为淡褐色，后枯黄，最后枯死；心叶发病变黄绿或黄色，有的卷缩或呈波状产生畸形叶，病株叶片失去光泽，在 3 片小叶中往往出现 1～2 叶畸形或变狭小硬化，且多发生在一侧。植株生长衰弱、矮小，最后呈枯萎状凋萎。与此同时，根系减少，细根变黑腐败。受害轻的病株症状有时会消失，而被害株的根冠部、叶柄、果梗维管束横切面呈环形点状褐变，根部纵剖镜检可见菌丝。轻病株结果减少，果实不能膨大，品质差，减产，匍匐茎明显减少。草莓枯萎病症状与黄萎病近似，但枯萎病发病后草莓植株心叶黄化、卷缩或畸形，且发病高峰期在高温季节。

2. 发生特点 此病由真菌半知菌亚门尖孢镰刀菌草莓专

化型 *Fusarum oxysporium* Schl. f. sp. *fragariae* Winks et Willams 侵染所致。病菌以菌丝体和厚垣孢子随病残体遗落土中或未腐熟的带菌肥料中越冬。带菌土壤和肥料中存活的病菌成为翌年主要初侵染源。病菌在植株萌发子苗时进行传播蔓延。在环境条件适宜时，厚垣孢子萌发后从自然裂口和伤口侵入寄主根茎维管束内进行繁殖、生长发育，形成小型分生孢子，并在导管中移动、增殖，通过堵塞维管束和分泌毒素，破坏植株正常输导机能，引起植株萎蔫枯死。

病菌喜温暖潮湿环境，最适发病温度在 28～32℃，是耐高温性的病菌。浙江及长江中下游草莓种植区，草莓枯萎病的主要发病盛期在 5～6 月及 8 月下旬至 9 月。

保护地栽培明显比露地栽培草莓发病重。田块间、连作地、地势低洼、排水不良、雨后积水的田块发病早且危害重；特别是天气时雨时晴或连续阴雨后突然暴晴，病症表现快且发生重。栽培上偏施氮肥、施用未充分腐熟的带菌农家肥、植株长势弱和地下害虫危害重的地块，易诱发此病。年度间梅雨期和秋季多雨年份发病重。

3. 防治要点

（1）加强对草莓苗检疫，建立无病苗圃，栽种无病苗。

（2）草莓与水稻等禾本科作物进行 3 年以上轮作。

（3）加强栽培管理，推广高畦栽培，施用充分腐熟的有机肥，控制氮肥施用量，增施磷钾肥及微量元素，雨后及时排水。

（4）土壤处理。发现病株及时拔除集中烧毁，病穴用生石灰消毒。重茬地在定植前使用棉隆等熏蒸消毒（参见第六章的"土壤熏蒸处理"部分）。

（5）药剂防治。发病初期选用 2.5％咯菌腈悬浮剂 1 500 倍液，或 2％农抗 120 水剂 200 倍液，或 30％苯甲·丙环唑乳油 3 000 倍液，或 75％代森锰锌干悬浮剂 600 倍液，或 70％

甲基硫菌灵可湿性粉剂 500 倍液，或 50％多菌灵可湿性粉剂 400 倍液喷淋秧苗茎基部位，每隔 7～10 天 1 次，连续防治 3～4 次。

五、草莓青枯病

草莓青枯病是细菌性维管束组织病害，是草莓生产中的主要病害之一。我国长江流域以南地区草莓栽培区均有发生，青枯病菌寄主范围广泛，除草莓外，还危害番茄、茄子、辣椒及大豆、花生等 100 多种植物，以茄科作物最感病。

1. 危害症状 草莓青枯病多见于夏季高温时的育苗圃及栽植初期。发病初期，草莓植株下位叶 1～2 片凋萎脱落，叶柄变为紫红色，植株发育不良，随着病情加重，部分叶片突然失水，绿色未变而萎蔫，叶片下垂似烫伤状。起初 2～3 天植株中午萎蔫，夜间或雨天尚能恢复，4～5 天后夜间也萎蔫，并逐渐枯萎死亡。将病株由根茎部横切，导管变褐，湿度高时可挤出乳白色菌液。严重时根部变色腐败。

2. 发生特点 此病由细菌青枯假单胞杆菌 *Pseudomnas solanacearum* Smith 侵染所致。病原细菌在草莓植株上或随病残体在土壤中越冬，通过土壤、雨水和灌溉水或农事操作传播。病原细菌腐生能力强，并具潜伏侵染特性，常从根部伤口侵入，在植株维管束内进行繁殖，向植株上、下部蔓延扩散，使维管束变褐腐烂；病菌在土壤中可存活多年。

病菌喜高温潮湿环境，最适发病条件为温度 35℃，pH6.6 左右。浙江及长江中下游的发病盛期在 6 月的苗圃期和 8 月下旬至 9 月下旬的草莓定植初期。

久雨或大雨后转晴、遇高温阵雨或干旱灌溉、地面温度高、田间湿度大时，易导致青枯病严重发生。草莓连作地、地势低洼、排水不良的田块发病较重。

3. 防治要点

（1）实行水旱轮作，避免与茄科作物轮作。

（2）提倡营养钵育苗，减少根系伤害；高畦深沟，合理密植，适时排灌，防止积水和土壤过干过湿；及时摘除老叶、病叶，增加通风透光条件。

（3）加强肥水管理，适当增施氮肥和钾肥，施用充分腐熟的有机肥或草木灰，调节土壤 pH。

（4）土壤处理。参见"草莓枯萎病"。

（5）药剂防治。于发病初期选用 20％噻菌铜悬浮剂 400 倍液，或 72％农用硫酸链霉素可溶性粉剂 3 000 倍液，或 80％波尔多液可湿性粉剂 500～600 倍液等喷雾或灌浇；或 40％噻唑锌悬浮剂 750～1 125 克/公顷稀释喷雾。每 10 天 1 次，连续防治 2～3 次。

六、草莓轮斑病

草莓轮斑病危害广泛，我国各草莓产地普遍发生，个别地区发病严重，以草莓育苗地和露地栽培危害较重。

1. 危害症状 草莓轮斑病主要危害叶片、叶柄和匍匐茎。发病初期，叶面上产生紫红色小斑点，并逐渐扩大成圆形或近椭圆形的紫黑色大病斑，此为该病明显特征。病斑中心深褐色，周围黄褐色，边缘红色、黄色或紫红色，病斑上有时有轮纹，后期会出现小黑斑点（即病菌分生孢子器），严重时病斑连成一片，致使叶片枯死。病斑在叶尖、叶脉发生时，常使叶组织呈 V 形枯死，亦称草莓 V 形褐斑病。

2. 发生特点 此病由真菌半知菌亚门球壳孢目拟点属的 *Phomopsis obscurans* 侵染所致。病菌以病叶组织或病残体上的分生孢子器及菌丝体在土壤中越冬，成为翌年初侵染源。越冬病菌到翌年 6～7 月气温适宜时产生大量分生孢子，借雨水溅射和空气传播进行侵染，而后病部不断产生分生孢子进行多次再侵染，加重危害。

病菌喜温暖潮湿环境，发病最适温度为 25～30℃。浙江及长江中下游地区草莓轮斑病主要发病时期是 6 月中下旬（梅汛期）至 9 月，特别是在夏秋季高温高湿发病尤为严重。

年度间夏秋季气温偏高，降水量过多年份，易诱发此病。草莓重茬地及苗床水平畦漫灌水发病重。

3. 防治要点

（1）加强培育管理，通风透光，减少氮肥使用量，促使植株健壮，提高自身抗逆能力。

（2）清洁田园，适时摘除病叶、老叶并集中销毁是防治该病的有效方法之一。

（3）草莓移栽时摘除病叶后，并用 70％甲基硫菌灵可湿性粉剂 500 倍液，或 10％多抗霉素水剂 200 倍液浸苗 15 分钟左右，待药液晾干后种植。

（4）发病初期选用 20.67％噁酮·氟硅唑乳油 2 000～3 000倍液，或 80％代森锰锌可湿性粉剂 700 倍液，或 75％代森锰锌干悬浮剂 600 倍液，或 50％多·锰锌可湿性粉剂 700 倍液，2％农抗 120 水剂 200 倍液，或 25％嘧菌酯悬浮剂 1 500 倍液，10％苯醚甲环唑水分散粒剂 1 500 倍液，或 40％腈菌唑可湿性粉剂 6 000 倍液，或 50％异菌脲悬浮剂 800 倍液，或 50％腐霉利可湿性粉剂 800 倍液，或 75％百菌清可湿性粉剂 600 倍液；每隔 10 天左右 1 次，连续防治 2～3 次。施药时上述药剂与"有机硅农用助剂——杰效利" 3 000 倍液等配合使用，则防治效果更佳。保护地也可选用腐霉·百菌清烟剂熏蒸防治。

七、草莓蛇眼病

草莓蛇眼病又称为草莓白斑病，在我国草莓栽培区广泛发生。

1. 危害症状　草莓蛇眼病主要危害叶片，大多发生在老叶上，叶柄、果梗、浆果也可受害，叶片染病初期，出现深紫红色的小圆斑，以后病斑逐渐扩大为直径 2～5 毫米大小的圆形或长圆形斑点，病斑中心为灰色，周围紫褐色，呈蛇眼状。危害严重时，数个病斑融合成大病斑，叶片枯死，并影响植株生长和芽的形成。果实染病，浆果上的种子单粒或连片受害，被害种子连同周围果肉变成黑色，丧失商品价值。

2. 发生特点　此病由真菌半知菌亚门柱隔孢属杜拉柱隔孢 *Ramularia tulasnei*（*R. fragariae* Peck）侵染所致。有性世代为子囊菌亚门腔菌属草莓蛇眼小球壳菌 *Mycosphaerella fragariae*（Tul）Lindau。病菌以病斑上的菌丝或分生孢子越冬，有的可产生菌核或子囊壳越冬。翌年春季产生分生孢子或子囊孢子借空气传播和初次侵染，后病部产生分生孢子进行再侵染。病苗和表土上的菌核是主要的传播体。

病菌喜潮湿的环境，发病的最适温度为 18～22℃，低于 7℃ 或高于 23℃ 不利于发病。重茬田、排水不良、管理粗放的多湿地块或植株生长衰弱的田块发病重。浙江及长江中下游草莓种植区，初夏和秋季光照不足，多阴雨天气发病严重。

3. 防治要点

（1）摘除老叶、枯叶，改善通风透光条件；采收后及时清洁田园，将残、病叶集中销毁。

（2）定植时清理草莓植株，淘汰病株。

（3）实行水稻、草莓轮作制度。

（4）药剂防治。参照"草莓轮斑病"。

八、草莓角斑病

草莓角斑病又称为草莓褐角斑病、灰斑病，是草莓苗期的主要病害之一，在南方草莓产区均有发生。

1. 危害症状 草莓角斑病主要危害叶片，初侵染时产生暗紫褐色多角形病斑，病斑边缘色深，扩大后变为灰褐色，后期病斑上有时具轮纹。

2. 发生特点 此病由真菌半知菌亚门 *Phyllosticta fragaricola* Desm et Rob 侵染所致。病菌以分生孢子器在草莓病残体上越冬，翌年春季温湿度适宜时产生分生孢子，并通过雨水和灌溉水传播进行初次侵染和多次再侵染，浙江及长江中下游地区以 5～6 月草莓苗期发病较重，品种间以美国 6 号较感病。

3. 防治要点

（1）选用抗病品种，如宝交早生、新明星、全明星等。

（2）其他防治措施，参照"草莓轮斑病"。

九、草莓黑斑病

草莓黑斑病是草莓常见病害之一，分布广泛，我国各草莓产地均有发生。

1. 危害症状 草莓黑斑病主要危害叶、叶柄、茎和浆果。叶片染病，在叶片上产生直径 5～8 毫米的黑色不规则病斑，略呈轮纹状，病斑中央呈灰褐色，有蛛网状霉层，病斑外常有黄色晕圈。叶柄或匍匐茎染病，常产生褐色小凹斑，当病斑围绕叶柄或茎部一周后，因病部缢缩干枯易折断。果实染病，果面上产生黑色病斑，上有黑色灰状霉层，病斑仅局限于皮层一般不深入果肉，但因黑霉层污染而使浆果丧失商品价值。一般贴地果实发病较多。

2. 发生特点 此病由真菌半知菌亚门链格孢属 *Alternaria alternate*（Fries）Keissler 侵染所致。病菌以菌丝体在病株上或落地病残体上越冬。借种苗等传播，环境中的病菌孢子也可引起侵染而发病。

病菌在高温高湿天气和田间潮湿条件下易发生和蔓延，重茬地发病较严重。浙江及长江中下游地区草莓黑斑病以侵染苗地秧苗为主，发病期为6～8月。

3. 防治要点

（1）选择抗病品种。品种间抗性差异较大，如盛岗16最为感病，新明星较抗病。

（2）草莓生长期间及时摘除病老残叶和病果，并销毁；一季结束后要彻底清洁园地，烧毁腐烂枝叶。

（3）药剂防治。参照"草莓轮斑病"。

十、草莓褐斑病

草莓褐斑病有时也称为草莓叶枯病，是草莓重要病害之一。

1. 危害症状　草莓褐斑病主要危害幼嫩叶片，嫩叶染病，从叶尖开始发生，沿中央主脉向叶基作 V 形或 U 形迅速发展，病斑褐色，边缘深褐色，病斑内可相间出现黄绿红褐色轮纹，最后病斑内着生黑褐色的分生孢子堆。老叶染病，起初为紫褐色小斑，逐渐扩大成褐色不规则的病斑。周围常呈暗绿或黄绿色。一般1张叶片只有1个大病斑，严重时出现半叶或2/3叶枯死，甚至整叶死亡。该病还可危害花和果实，导致花萼、花柄枯死，果实受害出现干性褐腐，病果僵硬。

2. 发生特点　此病由真菌子囊菌亚门草莓日规壳菌 *Gnomonia fructicoia*（Arnaud）Fall 侵染所致，其无性阶段为凤梨草莓假轮斑菌 *Zythia fragariae* Laibach。病原菌在病残体上越冬和越夏，秋冬季节形成子囊孢子和分生孢子，借风雨进行传播侵染。

病菌喜温暖潮湿环境，发病适宜温度为20～30℃，30℃以上该病发生极少。浙江及长江中下游地区草莓褐斑病的主要发病期在5～6月，特别是在梅雨季节的多阴雨天气加剧此病的发生和蔓延。

保护地栽培或低温多湿、偏施氮肥、光照条件差、管理粗放、苗长势弱发病严重。

3. 防治要点 参照"草莓轮斑病"。

十一、草莓病毒病

草莓病毒病是由不同病毒感染后引起的草莓病害的总称。草莓病毒病危害面广，是草莓生产中的主要病害。一般栽培年限越长，感染的病毒种类越多，发病受害程度越重。

目前，已知草莓生产上造成损失的主要有草莓斑驳病毒、草莓镶脉病毒、草莓轻型黄边病毒、草莓皱缩病毒 4 种病毒。病毒病具有潜伏侵染的特性，大多数症状不显著，植株不能很快地表现出来，称为隐症。而表现出症状者多为长势衰弱、退化的植株，如新叶展开不充分，叶片小，无光泽，叶片变色，群体矮化，生长不良，坐果少，果形小，畸形果多，产量下降，品质变劣，含糖量降低，含酸量增加，甚至不结果。植株受病毒复合感染时，由于病毒源不同，表现症状各异。

（一）草莓斑驳病毒（SMoV）

草莓斑驳病毒分布极广，凡有草莓栽培的地方几乎均有分布。

1. 危害症状 此病毒单独侵染草莓时无明显症状，但病株长势衰退，果实品质下降。与其他病毒混合侵染时，在指示种森林草莓（*Fragaria vesca*）Alpine 和 UC-1 上，弱毒株系侵染，病株叶片出现黄白不整形褪绿斑驳；强毒株系侵染，出现病株严重矮化，叶片变小，扭曲，产生褪绿斑，呈丛簇状，叶脉透明，脉序混乱。

2. 发生特点 草莓斑驳病毒通过棉蚜、桃蚜和土壤中线虫等进行传播，也可通过嫁接、菟丝子和汁液机械传染。草莓斑驳病属非持久型蚜传病毒，蚜虫得毒和传毒时间很短，仅为数分钟。病毒在蚜虫体内无循回期，数小时后蚜虫失去传毒能力。

3. 防治要点

（1）选用无病毒的健壮母株，培育无病毒种苗（参见第五章）。

（2）及时防治蚜虫，减少传播概率。

（3）隔离种植或定期换种。

（4）热处理。草莓斑驳病毒耐热性差，用 37～38℃ 恒温处理 10～14 天可脱除病毒。

（5）药剂防治。发病初期用 2% 宁南霉素水剂 200～250 倍液，或 20% 吗胍·乙酸铜可湿性粉剂 500 倍液，或 1.5% 烷醇·硫酸铜乳油 1 000 倍液液等，与 1.8% 复硝酚钠水剂 3 000～5 000 倍液混用，喷雾防治。每隔 7 天 1 次，连续 2～3 次。

（二）草莓轻型黄边病毒（SMYEV）

草莓轻型黄边病毒很少单独发生，常与斑驳、皱缩、镶脉病毒复合侵染，造成草莓植株长势锐减，产量和果实质量严重下降，减产可高达 75%。

1. 危害症状　此病毒单独侵染栽培种草莓时，无明显症状，仅出现病株轻微矮化；复合侵染时引起叶片黄化或叶缘失绿，幼叶反卷，成熟叶片产生坏死条斑或叶脉坏死、扭曲，甚至叶片枯死。植株矮化，叶柄短缩，老叶变红，严重时植株死亡。

2. 发生特点　该病毒的弱毒株系，在森林草莓 EMC、UC-4、UC-5、Alpine 及弗吉尼亚草莓 UC-10、UC-11 上病症表现明显；在 UC-6 上无症状表现。主要通过蚜虫传播，具有持久性。据资料介绍，草莓钉毛蚜得毒饲育时间为 8 小时，接毒饲育时间为 6 小时，虫体内循回期为 24～40 小时，接毒 15～30 天后表现症状。此病毒也可通过嫁接传染，但不能通过种子或花粉传染。

3. 防治要点 参照"草莓斑驳病毒病"防治。但要注意的是热处理治疗很难脱毒。

（三）草莓镶脉病毒（SVBV）

草莓镶脉病毒病通过草莓引种而传入草莓产地。

1. 危害症状 此病毒单独侵染草莓无明显症状，但对草莓生长和结果有影响，导致植株生长衰弱，匍匐茎量减少，产量和品质下降。与草莓皱缩病毒或潜隐病毒 C 复合侵染，危害更大。复合侵染后，草莓病株表现为叶片皱缩，扭曲，小叶向背面反卷，植株极度矮化。发病初期，病叶沿叶脉产生褪绿条斑，之后，形成黄色或紫色病斑，匍匐茎发生量明显减少，发生在成熟叶片上，网脉变黑或坏死，后期部分或全株枯死。

2. 发生特点 草莓镶脉病毒是花椰菜花叶病毒组的成员之一。此病毒主要由蚜虫传播，嫁接和菟丝子也能传染，但不能汁液传染。主要传毒的蚜虫有 10 余种，不同种的蚜虫具有传毒专化性，只能传播镶脉病毒的不同株系，蚜虫为半持久性传毒。

3. 防治要点 参照"草莓斑驳病毒病"防治。

（四）草莓皱缩病毒（SCrV）

草莓皱缩病毒病是草莓上危害性最大的病毒病，单独侵染，影响草莓长势与产量，与其他病毒复合侵染，危害更为严重。

1. 危害症状 草莓皱缩病毒因株系不同，致病力强弱也有差异，弱毒株系单独侵染时，使草莓匍匐茎的数量减少，繁殖力下降，果实变小。强毒株系单独侵染时，严重降低草莓长势和产量，使草莓植株矮化，叶片产生不规则的黄色斑点，并扭曲变形，一般减产可达 $35\% \sim 40\%$。当草莓皱缩病毒与其他病毒复合侵染时，使感病品种植株严重矮化，产量大幅度下降，甚至绝产。

2. 发生特点　据资料介绍，草莓皱缩病毒感染指示种森林草莓 UC - 1、UC - 4、UC - 5、UC - 6、Alpine 和弗吉尼亚草莓 UC - 10、UC - 11、UC - 12 时，叶片产生褪绿斑，并扭曲变形，叶柄上产生褐色或黑色坏死斑，花瓣上产生暗色条纹或黑色坏死条斑。

草莓皱缩病毒主要由蚜虫传播，也可通过嫁接传染，但不能通过汁液传染。蚜虫得毒后能保持数天的传毒能力。

3. 防治要点　参照"草莓斑驳病毒病"防治。

十二、草莓高温日灼病

草莓高温日灼病是草莓生产中常见的生理性病害之一，在生产过程天气特别气温的急剧变化或大棚管理不当均易引起草莓高温日灼病，此病主要发生在草莓育苗期及部分敏感品种上。

1. 危害症状　植株叶片似开水烫伤状失绿、凋萎，逐渐表现干枯。部分不耐高温的草莓品种，在夏季高温期间中心嫩叶在初展或未展时叶缘急性干枯死亡，由于叶片边缘细胞死亡，而叶片其他部分细胞生长迅速，使受害叶片多数像翻转的汤匙，且叶片明显变小，干死部分变褐色或黑褐色。夏季草莓苗地植株受高温灼伤时叶片边缘枯焦，匍匐茎前端子苗枯死或匍匐茎尖端枯死。

2. 发生特点　一是草莓品种本身对高温干旱较为敏感，如红颜、幸香等；二是草莓植株根系发育差，新叶过于幼嫩；三是长期阴雨，天气突然放晴，光照强烈，叶片蒸腾，形成被动保护反应；四是 3～4 月大棚草莓管理不当，棚内温度超过 30℃以上，易产生高温烧苗；夏季气温超过 35℃以上育苗地草莓苗易受高温影响。

草莓苗受日灼危害均削弱长势，影响苗的素质。

3. 防治要点

（1）选择健壮母株，在疏松肥沃的田块种植，以利根系生长，培育长势强的子苗，提高植株抗逆性。

（2）对高温干旱较敏感的红颜、章姬等品种，在夏季高温来临前用遮阳网搭棚遮盖，减少强光直射，又能通风，降低苗地温度。

（3）3月中旬以后草莓大棚要及时通风，棚内气温掌握在25℃左右；夏季高温干旱来临前草莓育苗地要及时灌水，要求夜灌日排，苗地不宜积水。

（4）慎用赤霉素（赤霉素阻碍草莓根系发育），特别是在高温干旱期避免使用赤霉素。

十三、草莓冻害

冬季或初春期间气温急剧下降时易发生草莓冻害。

1. 危害症状 草莓受冻后，花蕊和柱头向上隆起并干缩，花蕊变黑褐色枯死；幼果褐色，叶片部分冻死干枯。

2. 发生特点 冬季或早春受北方强冷空气影响时，气温下降过快而使草莓叶片、花器和幼果受冻；在蕾期、花期和幼果期保护地内出现-3℃以下的低温时，花不能正常发育，雌蕊和柱头即发生冻害，花蕊受冻变黑死亡，花瓣出现紫红色，严重时叶片会呈片状干卷枯死；幼果停止发育，并干枯僵死。

3. 防治要点

（1）冷空气来临前园地灌水，增加保护地土壤湿度，提高抗寒能力。

（2）降温时，保护地内增盖一层中棚薄膜防寒，增加对外界的隔温条件。

（3）棚内进行人工加温。

（4）降温前，及时在叶面喷施 1.8％复硝酚钠水剂 3 000～5 000 倍液。

十四、草莓畸形果

1. 危害症状　草莓果实呈鸡冠状或扁平状或凹凸不整等形状，均属于畸形果实。

2. 发生特点　发生畸形果的原因有：一是保护地内授粉昆虫少或阴雨低温等不良环境影响授粉；二是开花授粉期间出现温度不适、光照不足、湿度过大或土壤过于干燥等情况，导致花器发育受到影响或花粉稔性下降，出现受精障碍；三是棚内温度低于 0℃或高于 35℃时，花粉及雌蕊受到伤害而影响授粉；四是使用杀螨剂和一些防病药剂会导致雌蕊变褐，影响正常授粉；五是品种本身育性不高，雄蕊发育不良，雌性器官育性不一致；六是花芽分化期氮肥施用过量，也将导致畸形果的发生。

3. 防治要点

（1）选用花粉量多、耐低温、畸形果少、育性高的品种，如红颜、丰香、鬼怒甘、女峰等。

（2）改善管理条件，避免花器发育受到不良因素，保持土壤湿润，开花期保护地湿度应控制在 60％左右，防止白天棚内 35℃以上高温和夜间 5℃以下的低温出现，提高花粉稔性，减少畸形果的发生。

（3）防治叶螨、白粉病等病虫的药剂应在开花受精结束 6 小时后使用。

（4）保护地内放养足够的蜜蜂，一般要求每标准棚放 1 桶（箱），蜜蜂量不少于 5 000 只，温度适宜时，草莓授粉率可达 100％。

十五、草莓缺铁

1. 危害症状 缺铁的表现症状是幼嫩叶片黄化或失绿，并逐渐由黄化发展成为黄白化，发白的叶片组织出现褐色污斑。草莓严重缺铁时，叶脉为绿色，叶脉间表现为黄白色，色界清晰分明，新成熟的小叶变白色，叶缘枯死。缺铁植株根系生长差，长势弱，植株较矮小。

2. 发生特点 碱性土壤和酸性较强的土壤均易缺铁，土壤过干、过湿也易出现缺铁现象。

3. 防治要点 草莓园地增施有机肥料或施用多元素复合肥，促进各种元素均匀释放。在草莓缺铁时可叶面喷施 0.2%～0.5%硫酸亚铁或硫酸亚铁胺溶液，也可喷施 0.5%～1.0%的尿素铁肥溶液等。

十六、草莓缺锰

1. 危害症状 缺锰的表现症状是新生叶片黄化，与缺铁、缺硫、缺钼时全叶呈淡绿色的症状相似。进一步发展后，则叶片变黄，有清晰网状叶脉和小圆点，是缺锰的独特症状。严重缺锰时，叶脉保持暗绿色，叶脉之间黄色，叶片边缘上卷，有灼伤，灼伤呈放射状连贯横过叶脉而扩大，与缺铁有明显差异。缺锰植株长势弱，叶薄，果实较小。

2. 发生特点 缺锰通常发生在碱性、石灰性土壤和沙质酸性土壤。

3. 防治要点 施用有机肥时结合加入硫黄中和土壤碱性，降低土壤 pH，提高土壤中锰的有效性，一般每公顷加施硫黄 20～30 千克。也可叶面喷施浓度为 80～160 毫克/升的硫酸锰水溶液，但在开花或着果时慎用。

十七、草莓生理性缺钙

1. 危害症状 草莓缺钙最典型的症状是幼嫩叶片皱缩或缩成皱纹，顶端叶片不能充分展开，叶片褪绿，有淡绿色或淡黄色的界限，下部叶片也可发生皱缩，尖端叶缘枯焦。浆果变硬、味酸。

2. 发生特点 保护地草莓植株缺钙一般多发在春季 2～3 月，气温较高，植株营养生长加快，在土壤干燥或土壤溶液浓度高的条件下，阻碍对钙的吸收。酸性土壤或沙质土壤容易发生缺钙现象。

3. 防治要点

（1）在草莓种植前土壤增施石膏或石灰，一般每公顷施用量 800～1 200 千克，视缺钙程度而定。

（2）及时进行园地灌水，也可叶面喷施 0.3% 氯化钙水溶液。

第十二章
虫害防治

一、斜纹夜蛾

斜纹夜蛾〔*Prodenia litura*（Fabricius），异名为 *Spodoptera litura* Fabricius〕属鳞翅目夜蛾科，别名斜纹夜盗蛾、莲纹夜蛾、花虫等，是我国农业生产上的主要害虫之一，全国各地均有分布。斜纹夜蛾的食性极杂，除危害草莓外，主要危害十字花科蔬菜、茄科蔬菜、豆类、瓜类、菠菜、葱、空心菜、马铃薯、藕、芋等，寄主植物多达99个科290多种。

（一）形态特征

成虫：体长14～20毫米，翅展30～40毫米，深褐色。前翅灰褐色，多斑纹，从前缘基部向后缘外方有3条白色宽斜纹带，雄蛾的白色斜纹不及雌蛾明显。后翅白色，无斑纹。

卵：扁半球形，卵粒结集成3～4层的卵块，表面覆盖有灰黄色疏松的绒毛。

幼虫：共6龄，体色多变，从中胸到第八腹节上有近似三角形的黑斑各1对，其中第一、七、八腹节上的黑斑最大。老熟幼虫体长35～47毫米。

蛹：体长15～20毫米，圆筒形，末端细小，赤褐色至暗褐色，腹部背面第四至七节近前缘处有一个圆形小刻点，有1对强大而弯曲的臀刺。

（二）发生特点

斜纹夜蛾年发生从华北到华南4～9代不等，华南及台湾等地可终年危害。浙江及长江中下游地区常年发生5～6代，世代重叠严重，6月中下旬至7月中下旬是第一代发生期，11月下旬至12月上旬以老熟幼虫或蛹越冬。各代的全代历期差异大，第二、三代为25天左右，第五代在45天以上。但近年来斜纹夜蛾发生明显提早，4月下旬在保护地中已有零星发生。

成虫昼伏夜出，飞翔力强，对光、糖醋液等有趋性。产卵前需取食蜜源补充营养，平均每头雌蛾产卵3～5块，400～700粒。卵多产于植株中、下部叶片背面。初孵幼虫在卵块附近昼夜取食叶肉，留下叶片表皮，俗称"开天窗"。2～3龄开始转移危害，也仅取食叶肉。幼虫4龄后昼伏夜出，食量骤增，4～6龄的取食量占全代的90%以上，将叶片取食成小孔或缺刻，严重时可吃光叶片，并危害幼嫩茎秆及植株生长点。幼虫老熟后，入土1～3厘米，作土室化蛹。有假死性及自相残杀现象，在田间虫口密度过高时，幼虫有成群迁移习性。

斜纹夜蛾属喜温性害虫，抗寒力弱，发生最适温度为28～32℃，相对湿度75%～85%，土壤含水量20%～30%。常年浙江及长江中下游地区盛发期在7～9月，华北为8～9月，华南为4～11月。

（三）防治要点

（1）清除杂草，摘除卵块及幼虫扩散危害前的被害叶。

（2）结合防治其他害虫，可采用杀虫灯或性诱剂或糖醋液诱杀。

（3）药剂防治。第三至五代斜纹夜蛾是主害代，防治上应采取压低 3 代虫口密度、巧治 4 代、挑治 5 代的防治策略。根据幼虫危害习性，防治适期应掌握在卵孵高峰至低龄幼虫分散前，应选择在傍晚太阳下山后施药，用足药液量，均匀喷雾叶面及叶背。在卵孵高峰期可选用 5％氟虫脲乳油 2 000～2 500 倍液，或 5％氟啶脲乳油 2 000～2 500 倍液等喷雾，在低龄幼虫始盛期选用 5％氯虫苯甲酰胺悬浮剂 450～900 克/公顷稀释喷雾，或 10％三氟甲吡醚乳油 1 000 倍液，或 15％茚虫威悬浮剂 3 500～4 000 倍液，或 2.5％甲氧虫酰肼悬浮剂 2 000～2 500 倍液，或 1％甲氨基阿维菌素苯甲酸盐乳油 1 500 倍液等，均匀喷雾叶片正反两面。喷施时在上述药液中添加"有机硅农用助剂——杰效利" 3 000 倍液等，则防效更佳。

二、肾 毒 蛾

肾毒蛾（*Cifuna iocupies* Walker）属鳞翅目毒蛾科，别名大豆毒蛾、肾纹毒蛾、飞机刺毛虫，是草莓常见的毛虫之一。食性杂，全国各地均有分布。除草莓外还危害多种果树和蔬菜植物。幼虫在田间危害期长，食量大，危害重。

（一）形态特征

成虫：为中型蛾，体长 15～20 毫米，雌蛾展翅 40～50 毫米，雄蛾 34～40 毫米。口器退化，触角青黄色，长齿状，栉齿褐色。头胸部深黄褐色，腹部黄褐色。后胸和腹部第二、三节背面各有 1 束黑色短毛。足深黄褐色。前翅内区前半褐色，间白色鳞片，后半白色，内横线为 1 条褐色宽带，内侧衬以白色细线。

卵：半球形，淡青绿色，渐变褐色，数十粒至上百粒成块产于叶背或其他物体上。

幼虫：为毛虫，共 5 龄，老熟幼虫体长 40～45 毫米，头黑色，有黑毛，前胸背面两侧各有 1 黑色大瘤，上有向前伸的黑褐色长毛束，其余各节肉瘤棕褐色，上有白褐色毛。腹部第一、二节背面各有 2 丛粗大的棕褐色竖毛簇，形如机翼，胸足黑色，每节上方白色，腹足暗褐色。

蛹：长 21～24 毫米，红褐色，背面有长毛，腹部前 4 节有灰色瘤状突起，外围淡褐色疏丝茧包。

（二）发生特点

在浙江及长江中下游地区常年发生 3 代，越冬代成虫在 4 月中下旬羽化，5～6 月是第一代发生期，7～9 月是第二、三代的发生盛期，10 月前后以 3 龄幼虫在枯枝落叶或树皮缝隙中越冬。各个世代通常在不同植物转移完成，由于草莓生育期长，可以完成周年生活史。幼虫 3 龄前群聚叶背剥食叶肉，使叶片成罗网或孔洞状，4 龄食量大增，5～6 龄为暴食期，每天可吃 2～4 片叶。越冬代幼虫春季暴食期与露地草莓蕾、花期相遇，可以危害花和果实，对结果量和果形有明显影响，以后各代则危害草莓育苗期。

（三）防治要点

参照"斜纹夜蛾"。

三、桃　蚜

桃蚜［*Myzus persicae*（Sulzer）］属同翅目蚜科，别名桃赤蚜。我国各草莓产区多有发生，除危害草莓外，还危害多种植物。以初夏和初秋发生密度最大，大多群聚在草莓嫩叶叶柄、叶背、嫩心、花序和花蕾上活动，吸取汁液，造成嫩芽萎缩，嫩叶皱缩卷曲，畸形，不能正常展叶。蚜虫是传播草莓病毒病的主要媒体，造成的损失远大于其本身危害所造成的损失。

（一）形态特征

成虫：有翅胎生雌蚜体长 1.6～2.1 毫米，无翅胎生雌蚜体长 2～2.6 毫米，体色多变。头胸部黑褐色，腹部绿、黄绿、褐色、赤褐色。体表粗糙，第七、八节有网纹。腹管细长，圆筒形，端部黑色，额瘤明显。

卵：长约 1.2 毫米，长椭圆形，初为绿色，后变为黑色，有光泽。

若虫：体小似无翅胎生雌蚜，淡红或黄绿色。

（二）发生特点

年发生 10～20 代。以卵在桃树枝梢或小枝缝隙中越冬，翌年 3 月上中旬开始孵化繁殖，4～5 月是危害盛期，产生有翅蚜，迁飞到草莓等作物上危害，孤雌生殖无翅蚜；晚秋后又产生有翅蚜，迁回到桃树上产生有性蚜，交尾后产卵越冬。

（三）防治要点

（1）蚜虫天敌较多，有瓢虫、草蛉、食蚜蝇、寄生蜂等，应尽量少用广谱性农药，以保护天敌。

（2）及时清洁田园，摘除草莓老叶，清除杂草。

（3）药剂防治。草莓苗繁殖或假植育苗期，应加强对蚜虫的防治，减少病毒病传播概率。药剂可选用 1.5% 苦参碱可溶性液剂 600～700 毫升/公顷，或 20% 啶虫脒可溶粉剂 90～180 克/公顷，或 40% 氯噻啉水分散粒剂 60～75 克/公顷稀释喷雾，或 10% 烯啶虫胺水剂 1 500～2 000 倍液，或 70% 吡虫啉水分散粒剂 10 000～15 000 倍液喷雾防治。喷施时在上述药液中添加"有机硅农用助剂——杰效利"3 000 倍液等，则防效更佳。

四、棕榈蓟马

棕榈蓟马 [*Thrips palmi* (Karny)] 属缨翅目蓟马科，别名棕黄蓟马、瓜蓟马，浙江及长江中下游地区均有发生。除危害草莓外，还危害十字花科、蔷薇科等多种植物。

（一）形态特征

成虫：体细长约 1 毫米，淡黄色至橙黄色，头近方形，4 翅狭长，周缘具长毛。前后胸盾片上有纵向条纹，不形成网目状，腹部 8 节，雌雄两性均有发达突起的栉齿。

卵：长椭圆形，约 0.2 毫米，黄白色。

若虫：初孵幼虫极细，体白色，1～2 龄若虫无翅芽，体色由白转黄色，3 龄若虫有翅芽（预蛹），4 龄若虫体金黄色（伪蛹），不取食。

（二）发生特点

棕榈蓟马在浙江及长江流域年发生 10～12 代，有世代重叠现象。成虫活泼、善飞、畏光，嗜蓝色，白天多在叶背或腋芽处，阴天和夜间出来活动，多在心叶和幼果上取食。在保护地内年发生有 3 个高峰期，分别在 3 月、5 月下旬至 6 月上旬和 9～10 月。以孤雌生殖为主，偶有两性生殖。每雌虫产卵 60～100 粒，卵散产于叶肉组织内，卵期 2～9 天。若虫期 3～11 天，3 龄末期停止取食，落土化蛹，蛹期 3～12 天，成虫寿命 20～50 天。在发育最适温度 15～32℃、土壤含水量 8%～18% 时，化蛹和羽化率最高。

成虫和若虫吸食寄主的嫩梢、嫩叶、花和幼果的汁液。被害后的嫩叶、新梢缩小变厚，叶脉间有灰色斑点，也可连片，严重受害时叶片上卷，顶叶不能展开，植株矮小，发育不良，或成"无心苗"，幼果弯曲凹陷，畸形，果实膨大受阻，受害部位发育不良，种子密集，果实僵硬，严重影响果实商品性。

（三）防治要点

（1）清除田间残枝、杂草，消灭虫源。用营养钵育苗，栽培时用地膜覆盖，减少出土成虫数量。

（2）成虫发生期，草莓棚内离地面30厘米左右，每隔10～15米悬挂一块蓝色粘板诱杀成虫。

（3）药剂防治。在成虫盛发期或每株若虫达到3～5头时，可选用10%氯噻啉可湿性粉剂750～1 000倍液，或10%烯啶虫胺水剂1 500～2 000倍，或25%噻虫嗪水分散粒剂5 000倍液，或60克/升乙基多杀菌素悬浮剂3 000倍液，或10%溴氰虫酰胺可分散油悬浮剂1 500倍液，或70%吡虫啉水分散粒剂10 000～15 000倍液等喷雾防治。喷施时在上述药液中添加"有机硅农用助剂——杰效利"3 000倍液等，则防效更佳。

五、朱 砂 叶 螨

朱砂叶螨 [*Tetranychus cinnabarinus* （Boisduval）] 属蛛形纲蜱螨目叶螨科，别名红蜘蛛、全爪螨，是保护地栽培草莓的重要害虫。在全国各地分布广泛，食性杂，寄主有100多种植物。以成、若螨在叶背刺吸植物汁液，发生量大时叶片灰白，生长停顿，并在植株上结成丝网，严重发生时可导致叶片枯焦脱落，草莓如火烧状。

（一）形态特征

成虫：雌螨体长0.48毫米左右，宽0.31毫米左右，椭圆形，一般为深红色或锈红色，无季节性变化。体两侧背面各有

1个黑褐色长斑，有时长斑分为前后2个。足4对，无爪，足和体背有长毛。雄螨体小，长约0.36毫米，宽约0.2毫米，体红色或橙红色，头胸部前端近圆形，腹部末端稍尖，阳具弯向背面，端部膨大，形成端锤。

卵：卵为圆球形，直径0.13毫米，有光泽，初产时无色透明，后渐转变为淡黄色和深黄色，最后呈微红色。

若虫：幼螨长约0.15毫米，近圆形，色泽透明，有足3对。

若螨：体长约0.21毫米，有足4对。体形及体色似成螨，但个体较小。

（二）发生特点

每年发生16～20代，以各种虫态在杂草或树皮缝和叶背越冬，翌年春季气温上升到10℃以上，越冬成螨开始活动。保护地内朱砂叶螨可不越冬而持续取食和繁殖。以两性生殖为主，每头雌虫可产卵50～110粒，也有孤雌生殖现象，卵多产在叶片背面。其生长发育最适温度为29～31℃，相对湿度35％～55％，高温低湿则发生严重，但温度超过31℃以上，相对湿度超过70％以上时，不利于朱砂叶螨的繁殖。浙江及长江中下游地区露地草莓以5～7月受害最重。

草莓叶片越老，含氮越高，朱砂叶螨也越多，合理施用氮肥，能减轻危害；粗放管理或植株长势衰弱，危害加重。

（三）防治要点

（1）及时铲除周围杂草，清除园内枯叶残株及越冬寄主杂草。

（2）草莓育苗期间，及时摘除有虫叶、老叶和枯黄叶，并集中烧毁，减少虫源。

（3）释放捕食螨。

（4）药剂防治。在草莓开花前，当每叶螨量达4～6头时，选用5%藜芦碱可溶性液剂1 800～2 100克/公顷稀释喷雾，或24%螺螨酯悬浮剂4 000倍液，或5%虫螨腈悬浮剂1 500倍液，或43%联苯肼酯乳油2 000倍液，或110克/升乙螨唑悬浮剂5 000倍液，或9.5%喹螨醚乳油2 000～3 000倍液，或10%吡螨胺乳油2 000倍液，或1.8%阿维菌素乳油3 000倍液喷雾防治。喷施时在上述药液中添加"有机硅农用助剂——杰效利"3 000倍液等，则防效更佳。

六、二斑叶螨

二斑叶螨（*Tetranychus urticae* Koch）属蛛形纲蜱螨目叶螨科，别名黄蜘蛛，是保护地栽培草莓的重要害螨。国内分布广，危害草莓、瓜果等多种植物，主要在叶片背面刺吸汁液，危害初期叶片正面出现针眼般枯白小点，以后逐渐增多，导致整个叶片枯白。

（一）形态特征

成虫：雌螨体长0.5毫米左右，宽约0.32毫米，椭圆形。夏秋活动时常为砖红或黄绿色，深秋多为橙红色，滞育越冬，体色变为橙黄色。雄螨体长0.4毫米左右，宽约为0.22毫米，比雌螨小，近菱形，淡黄色或淡黄绿色，活动敏捷。

卵：直径0.12毫米，球形，有光泽，初产时乳白色半透明，后转黄色，临孵化前出现2个红色眼点。

幼螨：半球形，淡黄色或黄绿色，足3对。

若螨：椭圆形，足4对，静止期绿色或墨绿色。

（二）发生特点

每年发生20代以上，危害草莓一般只有3～4代。以雌螨滞育越冬，翌年春季气温上升达5～6℃时，越冬雌螨开始活动，7～8℃时开始产卵繁殖，每雌螨可产卵 50～110 粒，随着气温升高繁殖加快，以两性生殖为主，亦可孤雌生殖，世代重叠。露地草莓以 5 月下旬至 7 月为二斑叶螨的猖獗危害期，喜群集叶背主脉附近并吐丝结网于网下危害，以吐丝下垂和借风扩散传播，11 月陆续进入越冬。保护地内由于温度适宜，二斑叶螨可不断取食和繁殖。

（三）防治要点

参照"朱砂叶螨"。

七、茶 黄 螨

茶黄螨〔*Polyphagotarsonemus latus*（Banks）〕属蛛形纲蜱螨目跗线螨科，别名茶半跗线螨、侧多食跗线螨，是保护地栽培草莓的重要害虫。国内各地均有发生。茶黄螨食性杂，寄生植物广，以成、若螨集中在植物幼嫩部位刺吸汁液，受害叶片呈灰褐色或黄褐色，有油渍状或油质状光泽，叶缘向背反卷、畸形。

（一）形态特征

成虫：雌螨体长 0.21 毫米，椭圆形，较宽阔，腹部末端平截，背部有 1 条白色纵带，有 4 对短足；雄螨体长约 0.19 毫米，近菱形，末端为圆锥形，淡黄色或橙黄色，半透明有光泽。

卵：直径约 0.1 毫米，椭圆形，无色透明，卵表面有纵向排列的 5～6 行白色小疣，每行 6～8 个。

幼螨：倒卵形，体长 0.11 毫米，乳白色，头胸部和成螨相似。背部有 1 条白色纵带，腹部明显分为 3 节，近若螨阶段分节消失，腹部末端呈圆锥形，具有 1 对刚毛，有 3 对足。

若螨：长椭圆形，体长 0.15 毫米，是一个静止的生长发育阶段，首尾呈锥形，体白色半透明。

（二）发生特点

茶黄螨一年发生 25～30 代。以雌成螨在土缝、草莓及杂草根际越冬。在保护地内可长年危害和繁殖，但 12 月以后虫口明显减少。螨靠爬行、风力和人为携带传播。前期螨量较少，有明显的分布中心，5～10 月虫口大增。卵散产在幼嫩的叶背或幼芽上，若螨期 2～3 天，成螨敏捷，雄螨更为活泼，有携带雌若螨向植株幼嫩部位转移的习性。每雌螨产卵百余粒，以两性生殖为主，也能孤雌生殖。成螨繁殖速度很快，18～20℃时 7～10 天繁殖一代，在 20～30℃的条件下 4～5 天可繁殖一代，繁殖最适温度 22～28℃，相对湿度 80%～90%。温暖多湿环境有利于茶黄螨的生长发育，危害较重。

（三）防治要点

参照"朱砂叶螨"。

八、小 地 老 虎

小地老虎（*Agrotis ypsilon* Rottemberg）属鳞翅目夜蛾科，别名黑地蚕、切根虫、土蚕，在国内各地都有分布。小地老虎是迁飞性害虫，食性杂，危害多种作物的幼苗或幼嫩组织。在草莓上主要以幼虫危害近地面茎顶端的嫩心、嫩叶柄、幼叶、幼嫩花序及成熟浆果。

（一）形态特征

成虫：体长 16～23 毫米，翅展 40～45 毫米，头部与胸部黑灰褐色，有黑斑，腹部灰褐色，基线和内线均为黑色双线呈波浪形。颈板基、中部各有一条黑横纹，前翅棕褐色，沿前缘较黑，中室附近有一个环形斑和一个肾形斑，肾形斑外侧有一明显的黑色三角形斑纹，尖端向外，亚外缘线内有两个尖端，向内有黑色三角斑纹。后翅灰白色，锯齿形。雄蛾触角为羽毛状，雌蛾触角为丝状。

卵：卵散产，扁球形，顶部稍隆起，底部较平，表面有网状花纹，直径 0.4 毫米左右，初产时为乳白色，孵化前为灰褐色。

幼虫：幼虫共有 6 龄，老熟幼虫体长 37～42 毫米，体表粗糙，布满黑色颗粒状斑点，虫体近圆筒形，体色为灰褐和黑褐色。

蛹：在土室中化蛹，蛹长 18～24 毫米，黄褐至赤褐色，有光泽。

（二）发生特点

小地老虎在浙江及长江流域地区年发生 4～6 代，春季第一代幼虫对草莓危害重。

成虫昼伏夜出，有趋光性和趋化性，对黑光灯趋性一般，对糖醋酒混合液趋性较强。越冬代成虫常年在 2 月中下旬羽化，3 月中下旬进入成虫羽化高峰。成虫寿命 7～20 天，常在夜间气温 10～16℃、相对湿度 90％以上的 20～22 时最为活跃，成虫取食，补充营养和交尾，喜欢在近地面的杂草及植物叶片（特别是作物幼苗叶背）、土块、有机质丰富和残留枯草或草根的土表产卵。每雌蛾可产卵 1 000 粒左右，多的可达 3 000 粒。幼虫食性很杂，3 龄以前幼虫取食草莓嫩尖、叶片等部分。但危害不明显，3 龄以上幼虫进入危害盛期，对新鲜嫩叶有嗜好和趋性，白天躲在离表土 2～7 厘米的土层中，夜间活动取食嫩芽或嫩叶，常咬断草莓幼苗嫩茎，也吃浆果和叶片。4 月下旬和 5 月上旬是高龄幼虫盛发期，也是草莓受害高峰。幼虫有假死性和自残性，受惊动即卷缩呈环状。食料缺乏时，幼虫可迁移危害。幼虫老熟后入土筑室化蛹。

适宜小地老虎生长发育的温度范围 8～32℃，最适环境温

度为 15～25℃，相对湿度为 80％～90％。当月平均温度超过
25℃时，不利该虫生长发育，羽化成虫迁飞异地繁殖。小地老
虎的卵发育起点温度为 8.5℃；幼虫发育起点温度为 11.0℃；
蛹发育起点温度为 10.2℃。

（三）防治要点

（1）清除园内外杂草，并集中销毁，以消灭成虫和幼虫；
栽前翻耕整地，栽后在春夏季多次中耕、细耙，消灭表土层幼
虫和卵块；发现有缺叶、断苗现象，立即在苗附近找出幼虫，
并将其消灭。

（2）物理诱杀。利用成虫的趋性，用电子灭蛾灯或黑光灯
或糖醋酒液诱杀越冬成虫。

（3）毒饵诱杀。在幼虫高发季节，将鲜菜叶切碎或米糠炒
香，拌 5.7％氟氯氰菊酯乳油 800 倍液或 90％晶体敌百虫 500
倍液，傍晚时撒放植株行间或根际附近，也可用制好的鲜菜叶
毒饵，分成小堆放在田间，每 100～120 米² 放 1 堆，每堆 1 千
克左右，杀虫效果良好。

（4）药剂防治。在 1～2 龄幼虫盛发高峰期，可选用 3％
甲维盐微乳剂 3 000 倍液，或 150 克/升茚虫威悬浮剂 3 000 倍
液，或 15％高效氯氟氰菊酯微乳剂 1 000～2 000 倍液，或
50％辛硫磷乳油 1 200 倍液等地面喷雾防治；也可每公顷用
5％毒死蜱颗粒剂 22.5～45 千克在近根际条施或点施。施药时
宜选择傍晚进行，有利于提高防效。

九、蝼　　蛄

蝼蛄属直翅目蝼蛄科，别名拉拉蛄、地拉蛄，是一种多食
性害虫。在我国危害较重的是华北蝼蛄（*Gryllotalpa unispina*
Saussure）和东方蝼蛄（*Gryllotalpa orientalis* Burmeister）。成虫

和若虫都在土中咬食种子和幼芽、嫩根，危害草莓主要是把幼根和根茎咬断，使植株凋萎死亡。

（一）形态特征

成虫：东方蝼蛄体长 30～35 毫米，灰褐色。腹部近纺锤形，前足腿节内侧外缘较直，缺刻不明显，前胸背板心形凹陷明显，后足胫节背面内侧有刺 3～4 根。华北蝼蛄体型比东方蝼蛄大，体长 39～66 毫米，黄褐色，腹部近圆形，前足腿节内侧弯曲，缺刻明显，前胸背板心形凹陷不明显，后足胫节背面内侧有刺 1 根或无。

卵：东方蝼蛄卵初产时长 2.8 毫米，孵化前 4 毫米，椭圆形，初产乳白色，后变黄褐色，孵化前暗紫色。华北蝼蛄孵化前卵长 2.4～3.0 毫米，椭圆形，黄白色至黄褐色。

若虫：东方蝼蛄若虫共 8～9 龄，末龄若虫体长 25 毫米，体形与成虫相近。华北蝼蛄若虫共 13 龄，5 龄若虫体色、体形与成虫相似，末龄若虫体长 35～40 毫米。

（二）发生特点

华北蝼蛄生活史长，要 3 年左右完成一代，东方蝼蛄 1 年完成一代。两种蝼蛄均以成虫或者若虫在土壤深处越冬。其深度在冻土层以下和地下水位以上。翌年春季 3 月下旬土温达到 8℃以上开始活动，危害保护地内果菜等作物；4 月上中旬进入表土层窜成许多隧道危害取食，5～6 月气温最适宜蝼蛄危害露地果菜，6 月下旬至 8 月上旬为蝼蛄越夏产卵期，到 9 月上旬以后大批若虫和新羽化的成虫从地下土层转移到地表活动，形成秋季危害高峰，10 月中旬以后随着气温下降转冷，蝼蛄陆续入土越冬。

蝼蛄的发生与环境条件关系密切，东方蝼蛄喜在潮湿地方产卵，多集中在沿河、池塘、沟渠附近的地块，每雌虫可产卵

30～80 粒；华北蝼蛄则喜在盐碱地内，靠近地埂、畦堰或松软土壤里产卵，每雌虫可产 120～160 粒，最多可达 500 粒。特别是土质为沙壤土或疏松壤土、质地松软、多腐殖质的地区，最适于蝼蛄的生活繁殖，黏重土壤不适于蝼蛄的栖息和活动，发生量少。

两种蝼蛄成虫都有趋光性，对半煮熟的谷子、炒香的麦麸、豆饼及有机肥有趋性。蝼蛄昼伏夜出，以夜间 9～11 时活动最盛，一般灌水后田块最多，可利用这一特点，提高防效。蝼蛄活动的适温为 12.5～19.8℃，土壤含水量 20% 以上，土壤干旱及含水量低均不适宜蝼蛄的活动。

（三）防治要点

参照"小地老虎"。

十、蛴 螬

蛴螬是鞘翅目金龟甲总科幼虫的总称，在浙江及长江中下游地区危害较重的有 4～5 种，其中以铜绿丽金龟［*Anomala corpulenta* Motschulsky］和黑绒金龟［*Serica orientalis* Motschulsky］为优势种，除危害草莓外，还危害粮食作物、蔬菜、油料、芋、棉、牧草及花卉和果、林等多种作物刚播下的种子及幼苗。

（一）形态特征

以铜绿丽金龟为例。

成虫：体长 18～21 毫米，宽 8～12 毫米，体铜绿色，小盾片近半圆形，鞘翅长椭圆形，全身具有金属光泽。

卵：初产时长椭圆形，长 1.8 毫米，宽 1.4 毫米，乳白色，后期为圆形，孵化时为近黄白色。

幼虫：体肥大，弯曲近 C 形，老熟幼虫体长 30～40 毫米，多为白色到乳白色，体壁较柔软、多皱，体表疏生细毛，头大而圆，多为黄褐色或红褐色，生有左右对称的刚毛。胸足 3 对，一般后足较长，腹部 10 节，臀节上生有刺毛。

蛹：体长 20 毫米，宽 10 毫米，初蛹白色，而后渐转变为淡黄色，体略向腹面弯曲，羽化前头部色泽变深，复眼变黑。

（二）发生特点

蛴螬年发生代数因种因地而异，一般年发生 1 代，或 2～3 年 1 代，最长的有 5～6 年 1 代。蛴螬共 3 龄，1～2 龄虫期较短，约 25 天，3 龄期最长，可达 280 天左右，3 龄以上在土中越冬。浙江及长江中下游地区 6 月上中旬为越冬代成虫发生盛期，6 月中旬至 7 月上旬为发生高峰期，6 月下旬开始产卵，7 月为幼虫孵化盛期，幼虫在土壤中生活 4～5 个月，进入 3 龄后越冬。至翌年 4 月，越冬幼虫又继续取食危害，形成春秋两季危害高峰。

成虫昼伏夜出，午夜以后相继入土潜伏，成虫有假死性。对未腐熟厩肥有强烈趋性，对黑光灯有较强趋光性，喜食害果树、林木的叶和花器。适宜成虫活动的气温为 25℃以上，相对湿度为 70％～80％。在闷热无雨、无风的夜间活动最盛，低温和雨天活动较少，成虫有群集取食和交尾习性。成虫羽化后不久即可交尾产卵，每雌虫平均可产卵 40 粒左右，卵期 10 天左右。老熟幼虫在土表 20～30 厘米处作土室化蛹。预蛹期 13 天，蛹期 9 天。

蛴螬终生栖居土中，喜食刚刚播下的种子、根、块根、块茎以及幼苗等，造成缺苗断垄。一般在 30～40 厘米深的土中越冬，一年中活动最适的土温平均为 13～18℃，高于 23℃或低于 10℃逐渐向土下转移。

（三）防治要点

参照"小地老虎"。

十一、短额负蝗

短额负蝗（*Atractomorpha sinensis* Bolivar）属直翅目蝗科，别名尖头蚱蜢、中华负蝗，是草莓常见的害虫之一。食性杂，全国各地均有分布，主要危害草莓及蔬菜等作物。

（一）形态特征

成虫：虫体长 20～30 毫米，体草绿色，秋季多变为红褐色。头呈长锥形，尖端着生一对触角，粗短，剑状。绿色型自复眼后下方沿前胸背板侧面的底缘有略呈淡红色的纵条纹，体表有浅黄色瘤状颗粒，前翅狭长，超过后足腿节顶端部分的长度为全翅长的 1/3，顶端较尖。后翅短于前翅，基部玫瑰红。

卵：长椭圆形，黄褐色或深黄色，弯曲，较粗钝，卵粒倾斜排列成 3～5 行。

若虫：共有 5 龄，体草绿色或略带黄色，与成虫相似。

（二）发生特点

浙江及长江流域地区年发生 1 代，以卵在沟边土下越冬。常年在 5 月中旬至 6 月中旬开始孵化，7～8 月羽化为成虫，10 月以后产卵越冬。

成、若虫日出活动，喜栖于植被多、湿度大、枝叶茂密或沟灌渠两侧，成虫寿命在 30 天以上，每雌虫产卵达 150～350 粒。初孵幼虫取食幼嫩杂草，3 龄后扩散到草莓或蔬菜及其他植物上危害。干旱年份发生严重。

若虫在叶下面剥食叶肉，低龄时留下表皮，高龄若虫和成虫将叶片咬成缺刻或洞孔，影响植株生长。

（三）防治要点

（1）发生严重的地区，应在冬前浅铲园地及周围沟渠和田埂，消灭土下产卵块。

（2）人工捕捉或放鸡啄食，保护青蛙、蟾蜍等短额负蝗的捕食性天敌。

（3）药剂防治。在成、若虫盛发期，选用5%氟虫脲乳油2 000～2 500倍液，或24%氰氟虫腙悬浮剂800～1 000倍液，或15%茚虫威悬浮剂3 500～4 000倍液，或3.4%甲维盐微乳剂2 500～3 000倍液，或15%高效氯氟氰菊酯微乳剂1 000～2 000倍液等，连同周围杂草一并喷雾防治。喷施时在上述药液中添加"有机硅农用助剂——杰效利"3 000倍液等，则防效更佳。

十二、大青叶蝉

大青叶蝉［*Tettigella viridis* Linnaeus，异名为*Cicadeja uindis*（Linnaeus）］属同翅目叶蝉科，别名大绿浮尘子、尿皮虎，在全国各地均有发生。食性杂，除危害草莓外，还危害梨、苹果、桃等果树。成虫和若虫刺吸草莓叶、叶柄、花序的汁液，一般造成轻度损失。

（一）形态特征

成虫：体长8毫米左右，青绿色，头部黄色，单眼间有2个黑色小点。前胸前缘黄色，其他部分深绿色。前翅表面绿色、前缘淡白，端部透明，后翅及背部黑色。

卵：长约1.6毫米，宽0.4毫米，长卵圆形，光滑，乳白色，上细下粗，中间弯曲，常6～13粒排成新月形。

若虫：初龄若虫体黄白色，3龄后转黄绿色，体背有3条灰色纵体线，胸腹有 4 条纵纹，末龄若虫呈黑褐色，翅芽明显，似成虫。

（二）发生特点

大青叶蝉年发生 4～6 代，以卵在树干、枝条皮下越冬。翌春树液流动展叶时，卵开始孵化，若虫在多种植物上群集危害，5～6 月出现第一代成虫，7～8 月第二代成虫出现。第一、二代成虫多在草莓和禾本科作物上产卵，第三代以后成虫迁移到林木果树及蔬菜上危害，成、若虫行动敏捷、活泼，常横向爬行、善跳跃、飞行，有较强的趋光性。

（三）防治要点

（1）在产卵越冬前，用石灰液刷白草莓园周围的果树或林木的树干，防止成虫产卵和铲除越冬虫卵。

（2）其他防治措施参照"短额负蝗"。

十三、点蜂缘蝽

点蜂缘蝽（*Riptortus pedestris* Fabricius）属半翅目缘蝽科，国内大部分地区均有分布。其食性杂，除危害草莓外，还危害果树和多种农作物。以口针刺吸草莓叶、叶柄及蕾、花汁液，造成死蕾、死花和畸形果。

（一）形态特征

成虫：体长 15～17 毫米，宽 3.6～4.5 毫米，全体黄棕至黑褐色。头三角形，触角第一节长于第二节，第四节长于第二、三节之和。前胸背板两侧呈棘状并具有许多不规则的黑色颗粒，头胸部两侧有黄色光滑的斑纹或消失。腹部、前部缢狭，腹部侧接缘黑黄相间，腹下散生许多不规则小黑点。臭腺沟长，向前弯曲，几乎达到后胸侧板的前缘。后足腿节基部内侧有1个明显的突起，腿节腹面具一列黑刺，胫节稍弯曲，其腹面顶端具1齿，雄虫后足腿节粗大。

卵：半卵圆形，上面平坦部的中间有1条不太明显的横形带脊，附着面弧状。初产时暗蓝色，渐变黑褐色，近孵化时黑褐色，微偏紫红。

若虫：1～4龄若虫，体似蚂蚁、腹部膨大，全身密生白色绒毛。1龄若虫紫褐色或褐色，头大圆鼓，触角长于体长。2龄若虫头在眼前部分成三角形，眼后部分变窄。复眼紫色稍突出。3龄若虫复眼突出，黑褐色，触角与体长相等，后胸后缘中央有1枚紫红色直立刺，前翅芽初露。4龄若虫体灰褐色，触角短于体长，胸部长度明显短于腹部，前翅芽达后胸后缘。5龄若虫除翅较短外，其他外形同成虫。

（二）发生特点

点蜂缘蝽年发生代数因地而异，浙江及长江中下游地区常年发生3代，以成虫在露地栽培的草莓株丛、草丛及落叶中越冬。翌年3月下旬开始活动，雌虫每次产卵7～21粒，一生可产卵21～49粒，卵产于叶背。成若虫均极活跃，疾行善飞，喜食豆类，其次是棉、麻、丝瓜、草莓和稻、麦等植物。成虫须吸食植物花等生殖器官后，方能正常发育及繁殖。

（三）防治要点

（1）在秋冬或早春彻底清洁草莓田园，减少越冬虫源。
（2）药剂防治。参照"短额负蝗"。

十四、麻 皮 蝽

麻皮蝽〔*Erthesina fullo*（Thunberg）〕属半翅目蝽科，

别名麻椿象、臭屁虫，全国各地均有分布。其食性杂，除危害草莓外，还危害多种果树。成、若虫刺吸叶、果实和嫩梢汁液，造成新梢先端凋萎或枯死。

（一）形态特征

成虫：体长 18～24 毫米，宽 8～11 毫米，体背密布黑色点刻，棕褐色或黑褐色，头两侧有黄白色的脊边，复眼黑色，触角 5 节，黑色，丝状。前胸背板前侧缘略呈锯齿状，腹部腹面中央有凹下的纵沟。

卵：近鼓形，顶端具盖，周缘有齿，灰白色，数粒或数十粒黏在一起，排列整齐。

若虫：初孵时近圆形，白色，有红色花纹，常头向内群集在卵块周围，2 龄后分散危害，老熟若虫似成虫。体红褐色或黑褐色，长 6 毫米，头端至小盾片具有 1 条黄色或微现黄红色细中纵线。触角 4 节，黑色。足黑色。腹部背面中央具纵裂暗色大斑 3 个，每个斑上有横排淡红色臭腺孔 2 个。

（二）发生特点

一年发生 1 代，以成虫于草丛或树洞、树皮裂缝中越冬，翌年草莓或果树发芽后开始活动，5～7 月交配产卵，卵多产于叶背，卵期 10～15 天。成虫飞翔能力强，喜在草莓或树体上活动，有假死性，受惊时分泌臭液。

（三）防治要点

（1）秋冬清除田间和周围杂草，集中销毁，消灭越冬卵块；在若虫危害期或成虫产卵前清晨进行人工捕杀。

（2）药剂防治。参照"短额负蝗"。

十五、茶 翅 蝽

茶翅蝽（*Halyomorpha plcus* Fabricius）属半翅目蝽科，别名臭木蝽、茶色蝽。其食性杂，主要危害草莓，还危害多种果树，全国各地均有分布。成、若虫以刺吸嫩茎、叶片及果实汁液，导致刺吸点以上叶脉及组织变黑，叶肉组织颜色变暗萎缩，枯死。被刺吸过的草莓浆果易形成畸形果。

（一）形态特征

成虫：体长 15 毫米左右，扁椭圆形，体色随虫体大小变化，淡黄褐色至茶褐色，略带红色，有黑色或金绿色刻点。触角黄褐色。翅烟褐色，基部色深，淡黑褐色。爪和喙末端黑色。

卵：圆筒形，初为灰白色，孵化前黑色，直径约 0.7 毫米。

若虫：共 5 龄，初孵若虫体长 1.5 毫米左右，近圆形，随着虫龄增加，虫体增大，2 龄体长约 5 毫米，5 龄体长约 12 毫米。头黑色，体淡黄色，腹部淡橙黄色，各腹节两侧间各有 1 长方形黑斑，共 8 对，翅芽长达第三腹节后缘，腹部茶褐色，老熟若虫似成虫，无翅。

（二）发生特点

一年发生 1 代，以成虫在树洞、土缝、石缝、草堆及屋角等处越冬。翌年惊蛰后开始活动，卵多产于叶背，块状，每块 20～30 粒，卵期 10～15 天，6 月上旬至 7 月初为卵孵化盛期，8 月中旬后为成虫危害盛期，10 月中旬以后成虫陆续越冬。成虫和若虫受惊时分泌臭液，并逃逸。

（三）防治要点

（1）利用成虫在树洞、土缝、石缝、草堆及屋角等处越冬的习性，进行人工捕杀或熏蒸灭虫。

（2）药剂防治。参照"短额负蝗"。

十六、蜗　　牛

蜗牛属软体动物门腹足纲柄眼目蜗牛科，别名蜒蚰螺、水牛。种类很多，在浙江及长江以南地区以同型巴蜗牛（*Bradybaena similaris* Ferussac）和灰巴蜗牛（*Bradybaena ravide* Benson）为优势种。食性极杂，寄主多，除危害草莓外，还危害果树、蔬菜等作物。

（一）形态特征

成虫：同型巴蜗牛体长 30～36 毫米，壳质坚厚，呈扁球形，有 5～6 个螺层，螺层周缘或缝合线上常有一暗色带，壳顶钝。缝合线深，壳面呈黄褐色或红褐色，有稠密而细微的生长线，壳口呈马蹄形，口缘锋利。头部有长、短两对触角，眼在后触角顶端。足在身体腹部，适宜爬行。灰巴蜗牛成虫形态与同型巴蜗牛相似，主要区别是灰巴蜗牛成虫蜗壳圆球形，较宽大，壳顶尖，壳高 19 毫米，宽 21 毫米；壳口呈椭圆形。

幼虫：形态和颜色与成虫相似，体形较小，贝壳螺层多在 4 层以下。

卵：圆球形，直径约 1.5 毫米，初产时乳白色，有光泽，卵孵化前为灰黄色。

灰巴蜗牛幼虫及卵与同型巴蜗牛相似。

（二）发生特点

同型巴蜗牛常与灰巴蜗牛混合发生，一年发生 1 代，11 月中下旬以成虫或幼虫在田间的作物根部、草丛、田埂、石缝和残枝落叶以及宅前屋后的潮湿阴暗处越冬。保护地内 2 月中下旬，露地 3 月上中旬开始活动。

蜗牛夜出活动，白天潜伏在落叶、土块中，避日光照射。成虫寿命 5～10 月，完成一个世代需 1～1.5 年，成虫大多数在 4～5 月交配产卵，幼虫在 8～9 月交配产卵，卵产在植株根部附近 2～4 厘米深的疏松潮湿土中，或枯叶砖石块下，每成虫产卵 50～100 粒。初孵幼虫只取食叶肉，留下表皮，爬行时留下移动线路的黏液痕迹。

成、幼虫喜栖息在植株茂密、低洼潮湿处，温暖多湿天气及田间潮湿地块受害重；遇有高温干燥条件，蜗牛常把壳口封住，潜伏在潮湿的土缝中或茎叶下，待条件适宜时，如降雨或灌溉后，在傍晚或清晨取食，遇有阴雨天多数整天栖息在植株上，除喜欢危害草莓叶片外，还危害近成熟果实。

（三）防治要点

（1）清除园地周围的杂草、砖石块，开沟排水，及时中耕和换茬，破坏蜗牛的栖息和产卵场所。

（2）根据蜗牛的取食习性，在田间堆集菜叶等喜食的诱饵，于清晨人工捕杀蜗牛。

（3）在沟渠边、苗床周围和垄间撒石灰封锁带，每公顷用生石灰 70～120 千克，保苗效果良好。

（4）药剂防治。每公顷可选用 5% 四聚乙醛颗粒剂 4～5 千克，或 2% 甲硫威毒饵 6～7.5 千克，条施或点施于根际土表。

十七、野 蛞 蝓

野蛞蝓［*Agriolimax agrestis*（Linnaeus）］属软体动物门腹足纲柄眼目蛞蝓科，别名鼻涕虫、游诞虫。主要分布在我国中南部及长江流域地区，危害草莓、蔬菜或其他果树、花卉等多种植物。

（一）形态特征

成虫：长梭形，柔软，光滑而无外壳，体表暗黑色或暗灰色，黄白色或灰红色。有的有不明显暗带或斑点。爬行时体长可达 30 毫米以上，腹面具爬行足，爬过的地方留有白色具有光亮的黏液。触角 2 对，位于头前端，能伸缩，其中短的一对为前触角，有感觉作用，长的一对为后触角，端部有眼。生殖孔在右侧前触角基部后方约 3 毫米处。呼吸孔在体右侧前方，其上有细小的色线环绕。口腔内有角质齿舌，体背前具外套膜，为体长的 1/3，边缘卷起，其内有退化的贝壳（即盾板），上有明显同心圆线，即生长线。同心圆线中心在外套膜后端偏右。

若虫：初孵幼虫体长 2～3 毫米，淡褐色似成虫。

卵：椭圆形，韧而富有弹性，直径约 2.5 毫米，白色透明，近孵化时色变深。

（二）发生特点

野蛞蝓以成体或幼体在作物根部湿土下越冬。5～7 月在田间大量危害，入夏气温升高，活动减弱，秋季气温凉爽后又活动危害。完成一个世代约 250 天，5～7 月产卵，卵期 16～17 天，从孵化到成虫性成熟约 55 天，成虫产卵期可长达 160 天。野蛞蝓雌雄同体，异体受精，亦可同体受精繁殖。卵产于湿度大、隐蔽的土缝中，每隔 1～2 天产 1 次，1～32 粒。每处产卵 10 粒左右，平均产卵量为 400 余粒。野蛞蝓怕光，强日照下 2～3 小时即死亡，喜在黄昏后或阴天外出寻食，晚上 10～11 时达高峰，清晨之前又陆续潜入土中或隐蔽处，耐饥力强。阴暗潮湿的环境易于大发生，当气温 11.5～18.5℃土壤含水量为 70%～80%时对其生长发育最为有利。

（三）防治要点

参照"蜗牛"。

第十三章
病虫害的综合防治

草莓病虫害综合防治的策略是：以选用抗病品种和脱毒无病种苗，实行轮作或土壤处理为基础，草莓生长期综合采取农业、物理、生物和生态防治措施，确实必要时合理使用农药。鉴于无病毒苗培育、轮作和土壤处理已在第五章和第六章中有详细介绍，此处不再重复，农药的合理使用将在本章介绍。

一、选用抗病品种

草莓品种的选择应把对当地主要病害的抗性作为一个重要依据，部分国内外草莓品种对主要病害的抗性见表 13-1。总体来说，欧美品种抗病性比较强，日系品种则相对感病。

表 13-1　部分草莓品种对主要病害的抗性

草莓品种	原产地	白粉病	灰霉病	炭疽病	黄萎病	枯萎病	蛇眼病	轮斑病
甜查理 （Sweet Charlie）	美国	R	R	R	R	S		
卡姆罗莎 （Camarosa）	美国	R	R			I		
Albritton	美国	R		S			R	R
全明星 （All Star）	美国	R		S		S	S	S
阿波罗 （Apollo）	美国	R		R－I			R	R

（续）

草莓品种	原产地	白粉病	灰霉病	炭疽病	黄萎病	枯萎病	蛇眼病	轮斑病
阿尔比	美国	R		I				
Atlas	美国	R		S			R	R
Chandler	美国	R		S			S	S
Darrow	美国	R－I		S			I	S
道格拉斯（Douglas）	美国	R		S			S	S
Earlibelle	美国	R		R－I			R	R
早明亮（Earlibrite）	美国	R	R					
早红光（Earliglow）	美国	R		S			R	S
Marlate	美国	R					R	R
Midway	美国	R					S	S
Pajaro	美国	R		S			S	S
Prelude	美国	R		S			R	R
Redchief	美国	R		S			S	S
罗赞（Rosanne）	美国	R		R			R	R
斯科特（Scott）	美国	R		S			S	S
赛娃	美国	R				I		
Sentinel	美国	R		S			R	R
萨姆纳（Sumner）	美国	R		S			R	R
Sunrise（MD）	美国	R		S			S	S
Surecrop（MD）	美国	R		S			R	S
Tenn Beauty（TN）	美国	R		S			R	R
提坦（Titan）	美国	S		R			R	R
丰香	日本	S		I	S	I	S	
栃木少女	日本	R－I			S	S	S	
金三姬	日本	R－I						
北辉（北の辉）	日本	R－I						

（续）

草莓品种	原产地	白粉病	灰霉病	炭疽病	黄萎病	枯萎病	蛇眼病	轮斑病
佐贺焰火	日本	I						
栃乙女	日本	I		S				
章姬	日本	S	I—S	S	I—S		S	
幸香	日本	I—S		S				
佐贺清香	日本	I—S	I	I	I—S			
红颊	日本	I—S	S	S	I—S			
宝交早生	日本	I	I				S	
明宝	日本	I		R	S		S	
鬼怒甘	日本	I—S					R	
帕罗斯（Paros）	意大利			S				R
昂达（Onda）	意大利	S		R	R	R		R
帕蒂（Patty）	意大利	R			R	R		
宏大（Granda）	意大利	S		R				R
Sel. 94. 568. 2	意大利	R		R				R
达赛莱克特	法国	R					I	
吐德拉（Tudla）	西班牙	R	R	R	R			
森加森加拉（Senga Sengana）	德国	R	R	R			I	R
红玫瑰	荷兰						I	
戈蕾拉	比利时						S	
红手套	英国						S	
瓦达	以色列		R					
石莓1号	中国						R	
石莓4号	中国	I—S	I—R					
越心	中国	S	I	I				

注：S=感病；I=中等；R=抗病。

二、农业防治措施

（1）使用脱毒无病种苗。选用的草莓种苗除要求是脱毒苗外，还要注意检查不能带有枯萎病、黄萎病、青枯病、炭疽病等各种土传性病害。

（2）实行水旱轮作或土壤处理，减少土传病害的发生。

（3）采用地膜覆盖和膜下微滴灌技术，保持草莓地上部环境的清洁和较低的湿度，创造不利于草莓病虫害发生的环境条件。

（4）草莓生长期发现病株、病叶和病果，及时清除、烧毁或深埋，以减少侵染源。

（5）收获后深耕，借助自然条件，如低温、太阳紫外线等，杀死一部分土传病菌；深耕后利用太阳热进行土壤消毒。

三、物理防治措施

（一）黄板杀虫

黄板（即黄色粘虫板）杀虫技术是利用昆虫的趋黄性诱杀农业害虫的一种物理防治技术，可诱杀蚜虫、粉虱、斑潜蝇等小型害虫，具有绿色环保、成本低的特点。黄板可从市场上购买，也可自行制作。制作方法：将木版、塑料板或硬纸箱板等材料涂成黄色后，再涂一层黄油或机油即可。使用时将黄板悬挂在温室、大棚风口、走道和行间，高度比植株稍高，太高或太低效果均较差。为保证黄板的黏着性，需1周左右重新涂一次，或当板上粘满害虫时再涂一层油。在生产上用于害虫防治，一般可每隔5～6米悬挂一块黄板。黄板的另一个主要用途是用作监测害虫的发生动态。

但黄板使用不当也可能造成寄生蜂等天敌种群的误伤，使用时应避开寄生蜂的成蜂活动高峰期。

（二）防虫网

防虫网的防虫原理是人工构建隔离屏障，将害虫拒之网外，达到防止害虫进入棚室内危害草莓的目的。在棚室栽培草莓已经覆盖薄膜时，可只在棚室放风口处设置防虫网。防虫网通常采用添加了防老化、抗紫外线等化学助剂的优质聚乙烯（PE）为原料，经拉丝织造而成，形似窗纱。具有抗拉强度大、抗热、耐水、耐腐蚀、无毒无味的特点。

防虫网使用较为简便，但应注意以下几点：

（1）防虫网必须全期覆盖，网的四周用砖或土压严实，不给害虫入侵机会，才能达到满意的防虫效果。一般风力情况下可不用压网线，但如遇 5～6 级以上大风，则需拉上压网线，以防止大风将网掀开。

（2）选择适宜的规格。防虫网的规格主要包括幅宽、孔径、颜色等内容，尤其是孔径必须适宜。一般认为防虫网以22～24 目为宜，目数过少，网眼大，起不到应有的防虫效果；目数过多，网眼小，虽防虫，但会增加成本。

（3）妥善使用和保管。防虫网田间使用结束后，应及时收下，洗净、晒干、卷好，以延长使用寿命。

另外，在棚室放风口处挂银灰色地膜条可驱避蚜虫。

（三）灯光诱杀

灯光诱杀害虫是利用害虫的趋光性诱杀害虫的一种防治方法，其优点有：一是操作简便，省工省成本，并能有效地杀死害虫；二是不影响环境，对人畜安全；三是诱捕到的害虫没有受农药污染，含有高蛋白质和鱼类生长发育所必需的微量元素，可作为养殖鱼类的优质天然饲料。但灯光诱杀也可能误伤具有趋光性的天敌种群，使用时可根据当地主要害虫和天敌种群的活动高峰期的差异，选择适当的开灯时间，来避免产生不利的影响。

近年来使用较多的是频振式杀虫灯，适宜在连片面积较大的地方使用，控制面积可达 2～4 公顷，可有效降低害虫落卵量。它的工作原理是利用害虫较强的趋光、波、色、味的特性，将光波设在特定的范围内，近距离用光，远距离用波，加以色和味，引诱成虫扑灯，灯上配有高压电网或频振高压电网触杀害虫。据调查，该灯可很好地诱杀近 100 个科、1 000 多种害虫，包括危害草莓的蝶蛾类害虫和粉虱类害虫等。杀虫灯的使用方法：在草莓种植区内，将诱虫灯直接安装吊挂在生态养鱼池（鱼塘）上方的牢固物体上，拉电线接通电源，在夜间开灯诱杀害虫，使害虫直接落入水中喂鱼。如将杀虫灯安装在其他位置，可在灯的下方挂接虫袋。

此外，也可根据实际情况，选择安装使用价格更为低廉的白炽灯、高压汞灯、黑光灯，甚至煤油灯等进行诱杀害虫。

四、生物防治措施

国内目前在草莓病虫害生物防治方面已经实用化的技术有以下几种。

（一）利用枯草芽孢杆菌防治草莓白粉病和灰霉病

枯草芽孢杆菌（*Bacillus* spp.）对草莓的白粉病和灰霉病均具有良好的控制效果，并已有成熟的枯草芽孢杆菌产业化生产技术。目前在我国已经获得生物农药登记，用于草莓白粉病和灰霉病防治的枯草芽孢杆菌制剂有湖北省武汉天惠生物工程有限公司和台湾百泰生物科技股份有限公司的枯草芽孢杆菌可湿性粉剂。莓农可从市场上购得该制剂后，像普通农药一样配成稀释液喷雾即可。使用时最好选择在发病初期或发病前夕喷雾，并使菌液均匀喷至植株的各部位。

（二）利用木霉菌防治草莓炭疽病和灰霉病

木霉菌（*Trichoderma* spp.）对草莓炭疽病和灰霉病有良好的防治效果。以色列 Makhteshim Agan Chemical Works 公司已将哈次木霉（*T. harzianum*）开发为一种真菌生防制剂（通过发酵培养后加工制成 25％可湿性粉剂，商品名为 Trichodex），并在以色列以及欧洲和北美洲的 20 多个国家注册使用。

（三）利用苏云金杆菌防治斜纹夜蛾等蝶蛾类害虫

目前已发现苏云金杆菌（*Bacillus thuringiensis*）有 50 多个变种，是微生物农药应用最为广泛的一类。国内已有 12 家企业工厂化生产苏云金杆菌制剂，并获得了生物农药登记，在市场上容易买到。苏云金杆菌制剂对草莓上的斜纹夜蛾等蝶蛾类害虫具有良好防效，且使用方便，可采用常规的稀释液喷雾的方法。但使用时应注意：①苏云金杆菌杀虫的速效性较差，使用适期应较化学农药提早 2～3 天，一般应在害虫的卵盛期施药，并在 6～7 天后再喷一次；②不能与内吸性有机磷农药或杀菌剂混合使用；③苏云金杆菌对家蚕毒力很强，在养蚕地区使用时要特别注意防止家蚕中毒；④苏云金杆菌制剂应存放于干燥阴凉的仓库内，防止因暴晒和受湿而变质。

（四）利用丽蚜小蜂防治粉虱

丽蚜小蜂（*Encarsia formosa* Gahan）属于蚜小蜂科恩蚜小蜂属，是多种粉虱害虫的重要天敌，在草莓生产上可用于防治烟粉虱和温室白粉虱。该蜂营孤雌生殖，雌蜂体长约 0.6 毫米，宽 0.3 毫米。头部深褐色，胸部黑色，腹部黄色，并有光泽。其末端有延伸较长的产卵器，足为棕黄色。翅无色透明，翅展 1.5 毫米。触角 8 节，长 0.5 毫米，淡褐色。雄蜂较少见，其腹部为棕色，很易区分。在适宜的条件下较为活泼，扩散半径可达数百米。吸引此蜂去搜索寄主的物质主要是粉虱分泌的蜜露，成蜂取食蜜露后可存活 28 天左右。如无营养补充，成虫自然条件下只能存活 1 周左右，在温室中也只能存活 10～15 天。产卵的雌蜂以触觉探查粉虱若虫，然后将产卵器刺入，试探粉虱体内是否有丽蚜小蜂产的卵，尚未产卵的，就在其中产一粒卵。在通常情况下，很难发现重寄生的现象。但有时也偶然可见到一头粉虱若虫中有几头小蜂的现象。在成蜂产卵后，从粉虱若虫体壳上的产卵孔（成蜂产卵后在体壳上形成的洞）中可分泌出一种黄色的分泌物，并在几个小时后变为黑色或深棕色、质地硬化的球状物。粉虱若虫不活动的虫态均可被寄生，但成蜂喜好选择三龄若虫期和四龄蛹前期产卵。寄生后粉虱若虫仍可发育，到四龄中期才停止。

使用方法：丽蚜小蜂在我国已经大规模生产（如田益生防有限公司），并制成蜂卡销售。用黄板等监测草莓园中的粉虱，在粉虱发生初期及时释放丽蚜小蜂。释放时只需将蜂卡悬挂在草莓植株的顶部即可。丽蚜小蜂的飞行能力比较小，需要在大棚中均匀地悬挂蜂卡。一般每公顷每次使用 2 万～3 万头，隔 7～10 天释放 1 次，连续释放 5～6 次。如果温室的防虫网能够完全挡住外面的粉虱进入，此时可以停止放蜂。

注意事项：①在释放丽蚜小蜂前 3 周及释放以后不施用杀虫剂。②注意大棚保温，夜间温度最好保持在 15℃以上。

（五）利用捕食螨防治螨类害虫

草莓上的螨类害虫主要有二斑叶螨（*T. urticae*）、朱砂叶螨（*Tetranychus cinnabarinus*）、茶黄螨［*Polyphagotarsonemus latus*（Banks）］、截形叶螨（*T. truncatus*）等。防治这些草莓害螨有多种的捕食螨可利用，其中国内已可大规模繁殖的有胡瓜钝绥螨（*Amblyseius cucumeris*）和智利小植绥螨（*Phytoseiulus persimilis*）等。

捕食螨的生活史经过卵、幼螨、第一若螨、第二若螨而成为成螨，在脱皮前无明显的静止期。幼螨不取食，若螨以后各期进行捕食活动。

智利小植绥螨雌螨体长约 350 微米，橙色。背板侧缘有网状构造，后部内方区域有不规则的皱纹。背板刚毛 14 对，胸毛 3 对，肛前毛缺。腹肛板卵形，生殖板狭窄。受精囊颈部内方部分环状，中央部分细管状，外方部分纺锤状。在第四对足的 3 根巨毛中，胫节上的巨毛不明显。雄螨体长约 300 微米，腹肛板有肛前毛 3 对。此螨为狭食性，以叶螨为食，其中最喜捕食二斑叶螨。

胡瓜钝绥螨的食性相对较广，除捕食害螨外，还可捕食蓟马等害虫。捕食量也较大，一天能捕食叶螨 6～10 头，一生的捕食量可达 300～500 头。该捕食螨对猎物的喜好顺序为：卵＞幼螨＞成螨，因此在释放胡瓜钝绥螨后的 1 个月内，成螨的数量仍会保持在较高的水平，但持续控制效果较好。

捕食螨的释放及其注意事项：①释放捕食螨前，确认前期用过的杀虫杀螨剂对捕食螨已经没有残毒；②应在害螨虫口显著上升的始期、密度尚较低时释放；③捕食螨的释放量：平均每株草莓 2～4 头；④释放方法：若是袋装捕食螨，在离纸袋一端 2～3 厘米处撕开深 2～3 厘米的口子，挂于草莓植株上，或将带有捕食螨的叶片撒放在草莓植株上；⑤释放捕食螨后不能使用杀虫杀螨剂。

（六）用昆虫性信息素防治斜纹夜蛾和小地老虎

昆虫性信息素，又称为性外激素，是由同种昆虫的雌性个体的特殊分泌器官分泌于体外（少数昆虫种类由雄性个体合成与释放），且能被同种异性个体的感受器所接受，并引起异性个体产生一定的行为反应或生理效应（觅偶、定向求偶、交配等）的微量化学物质。昆虫性引诱剂是指人工合成的昆虫性信息素或类似物，简称性诱剂。利用性诱剂干扰昆虫交尾（迷向法）或群体诱杀（大量诱捕法），从而达到控制害虫的目的。性诱剂迷向法防治害虫的原理是在田间设置大量性诱剂，使性信息素弥漫在周围空气中，甚至达到过饱和状态，使得雄性成虫在长期的性刺激下，过度兴奋后疲劳和迷惑，从而无法准确判断雌蛾的方位与远近，干扰它们正常的交配活动，进而达到减少交配次数，降低雌蛾的有效生殖能力，减少子代幼虫发生量。而大量诱捕法的原理则是采用恰当的排列方式在田间设置诱捕器（其内放置性诱剂），模拟性成熟的雌性成虫，引诱雄性成虫进入诱捕器，并将其捕杀，通过调节田间害虫种群性别结构，使得雌性成虫无法实现充分交配，降低雌蛾的有效生殖能力，减少子代幼虫发生量。性诱剂具有种群专一性，在有效防治特定害虫的同时，不影响其他有益昆虫的活动，同时还具有方便、环保、安全、经济、省工等诸多优点。

针对草莓上的斜纹夜蛾和小地老虎等害虫，目前市场上已有专门的性诱剂和性诱捕器供应。诱捕器也可自行制作，取口径8厘米左右的透明塑料瓶作为诱集瓶，瓶内灌肥皂水至离瓶口2厘米左右，将诱集瓶固定在木棒上后，分别安置于草莓生产园或苗圃内，用细铅丝将含有性诱剂的诱芯1~3粒固定在瓶口上方1厘米左右的中心处，并加必要的诱芯防护设施。

用性诱剂防治斜纹夜蛾和小地老虎要注意：①诱捕器悬挂高度以1~3米为宜，大棚基地可挂在棚梁下，或用杆挑高，悬挂高度过低则影响诱虫效果；②适时清理诱捕器下面诱集瓶中的死虫，最好每天一换，一般不超过2天，收集到的死虫不随便倒在田间，可作饲料；③夜挂昼收可以大大延长诱芯的使用寿命，每天换瓶时可把诱捕器收起放于阴凉处，以延长使用期；④一般在使用4~6周后需要及时更换诱芯，诱芯在使用一段时间诱虫效果降低后也可二并一继续使用，以提高诱虫效果；⑤放置性诱捕器的时间应从成虫始发期开始，至成虫终现期为止，如在浙江，斜纹夜蛾一般为 7～10 月；⑥由于性信息素的高度敏感性，安装不同种害虫的诱芯前需要洗手，以免交叉污染。

五、生态防治措施

针对白粉病菌和灰霉病菌耐低温、不抗高温的生理特性，在气温较高的春季，运用大棚封膜增温杀菌，是防治白粉病和灰霉病的一项有效的生态防治技术措施。但闷棚杀菌温度应严格掌握，若温度不够，则达不到杀菌效果，若温度过高控温不当，则会导致草莓烧苗而造成损失。据有关试验报导，比较安全有效的温度控制方案是每天使棚室内温度提升到 35℃ 左右保持 2 小时，连续进行 3 天，在每次高温闷棚后，还需保证一定的通风降温正常管理的间隔时间，促使草莓恢复生长。注意超过 38℃ 以上的温度虽对病菌杀灭效果好，但对草莓不安全，40℃ 以上会造成草莓烧苗。由于草莓生长期高温杀菌是一项具有风险性的技术措施，目前尚无准确而规范性的技术标准，还需要有更多的研究，使该项技术在大棚草莓上得到有效而安全的推广应用。

另外，在棚室栽培草莓的开花和果实生长期，加大棚室的放风量，将棚内湿度降至 50％ 以下，对抑制灰霉病等多种草莓病害的发生有显著效果。

第十四章
农药的合理使用

在某些情况下，使用农药对控制草莓病虫害、避免产量损失确实会起到非常重要的作用。但滥用农药不仅达不到理想的防治效果，反而会影响草莓的品质和产量，同时加速病虫草害产生抗药性，导致施药量、施药次数和防治成本的不断增加，还会造成农药污染草莓产品及其生产环境，影响消费者的健康和草莓及其加工品出口等严重后果。因此，为了做到合理使用农药，必须按照相应的技术指标，做到在必要的时候和最适的时间选用对口的农药品种和恰当的施药方法，控制施药量、施药次数和安全间隔期，既保证必要的病虫草害防治效果，又有效地控制农药对草莓产品和环境的污染。将这些指导农药合理使用的技术指标以一定的形式规范下来，就是农药合理使用规范，它是良好农业规范（GAP）的重要组成部分。

一、农药合理使用的法律基础

我国农药的合理使用已经有了明确的法律基础。2006 年颁布的《中华人民共和国农产品质量安全法》第二十五条规定："农产品生产者应当按照法律、行政法规和国务院农业行政主管部门的规定，合理使用农业投入品，严格执行农业投入品使用安全间隔期或者休药期的规定，防止危及农产品质量安全。禁止在农产品生产过程中使用国家明令禁止使用的农业投入品。"

2017年国务院令第677号发布的新修订版《农药管理条例》第三十三条规定："农药使用者应当遵守国家有关农药安全、合理使用制度，妥善保管农药，并在配药、用药过程中采取必要的防护措施，避免发生农药使用事故。"第三十四条规定："农药使用者应当严格按照农药的标签标注的使用范围、使用方法和剂量、使用技术要求和注意事项使用农药，不得扩大使用范围、加大用药剂量或者改变使用方法。农药使用者不得使用禁用的农药。标签标注安全间隔期的农药，在农产品收获前应当按照安全间隔期的要求停止使用。剧毒、高毒农药不得用于防治卫生害虫，不得用于蔬菜、瓜果、茶叶、菌类、中草药材的生产，不得用于水生植物的病虫害防治。"第三十五条规定："农药使用者应当保护环境，保护有益生物和珍稀物种，不得在饮用水水源保护区、河道内丢弃农药、农药包装物或者清洗施药器械。严禁在饮用水水源保护区内使用农药，严禁使用农药毒鱼、虾、鸟、兽等。"第三十六条规定："农产品生产企业、食品和食用农产品仓储企业、专业化病虫害防治服务组织和从事农产品生产的农民专业合作社等应当建立农药使用记录，如实记录使用农药的时间、地点、对象以及农药名称、用量、生产企业等。农药使用记录应当保存2年以上。国家鼓励其他农药使用者建立农药使用记录。"第六十条规定："农药使用者有下列行为之一的，由县级人民政府农业主管部门责令改正，农药使用者为农产品生产企业、食品和食用农产品仓储企业、专业化病虫害防治服务组织和从事农产品生产的农民专业合作社等单位的，处5万元以上10万元以下罚款，农药使用者为个人的，处1万元以下罚款；构成犯罪的，依法追究刑事责任：（一）不按照农药的标签标注的使用范围、使用方法和剂量、使用技术要求和注意事项、安全间隔期使用农药；（二）使用禁用的农药；（三）将剧毒、高毒农药用于防治卫生害虫，用于蔬菜、瓜果、茶叶、菌类、中草药材生产或者用于水生植物的病虫害防治；（四）在饮用水水源保护区内使用农药；（五）使用农药毒鱼、虾、鸟、兽等；（六）在饮用水水源保护区、河道内丢弃农药、农药包装物或者清洗施药器械。"

二、我国农药合理使用规范的主要形式

（一）标准

包括国家标准、农业行业标准和地方标准，如农药合理使用准则（GB/T 8321）、农药安全使用标准（GB 4285）、绿色食品农药使用准则（NY/T 393）、草莓生产技术规范（GB/Z 26575）、无公害食品 草莓生产技术规程（NY 5105）、有机产品第 1 部分：生产（GB/T 19630.1）等。

（二）政府公告

主要包括国家和地方政府及其农业行政主管部门发布的一些农药禁用或限用的规定，也包括我国签署的相关国际公约等，其中农业部至今已发布了 15 个涉及农药禁限用的公告，如 2016 年发布的 2445 号公告等。

（三）农药标签和登记公告

经农业部审定的农药产品标签及农药登记公告中对农药使用所做的规定。

（四）生产技术要求和操作规程

2006 年颁布的《中华人民共和国农产品质量安全法》第

二十条规定："国务院农业行政主管部门和省、自治区、直辖市人民政府农业行政主管部门应当制定保障农产品质量安全的生产技术要求和操作规程。"在农业行政主管部门按照这一法律要求制定的相关生产技术要求和操作规程中将会包含很多农药合理使用规范的内容。

三、农药合理使用的基本原则

（一）严格遵守农药禁限用的规定

根据农业部 15 个涉及农药禁限用的公告及联合国环境规划署主持下制定并由各国政府签署的"关于持久性有机污染物的斯德哥尔摩公约"的规定，我国目前共有禁用农药 46 种（表 14 - 1），限制登记和使用的农药 40 种（表 14 - 2）。

除全国性禁限用的农药外，有些地方政府还规定了在本地区禁限用的其他农药品种名单。

表 14 - 1　我国禁用的农药清单

序号	农药名称	禁用依据
1	艾氏剂	农业部公告第 199 号、斯德哥尔摩公约
2	胺苯磺隆	农业部公告第 2032 号
3	苯线磷	农业部公告第 1586 号
4	除草醚	农业部公告第 199 号
5	滴滴涕	农业部公告第 199 号、斯德哥尔摩公约
6	狄氏剂	农业部公告第 199 号、斯德哥尔摩公约
7	敌枯双	农业部公告第 199 号
8	地虫硫磷	农业部公告第 1586 号
9	毒杀芬	农业部公告第 199 号、斯德哥尔摩公约
10	毒鼠硅	农业部公告第 199 号

（续）

序号	农药名称	禁用依据
11	毒鼠强	农业部公告第 199 号
12	对硫磷	农业部公告第 322 号、第 632 号
13	二溴氯丙烷	农业部公告第 199 号
14	二溴乙烷	农业部公告第 199 号
15	福美胂	农业部公告第 2032 号
16	福美甲胂	农业部公告第 2032 号
17	氟乙酸钠	农业部公告第 199 号
18	氟乙酰胺	农业部公告第 199 号
19	甘氟	农业部公告第 199 号
20	汞制剂	农业部公告第 199 号
21	甲胺磷	农业部公告第 322 号、第 632 号
22	甲磺隆	农业部公告第 2032 号
23	甲基对硫磷	农业部公告第 322 号、第 632 号
24	甲基硫环磷	农业部公告第 1586 号
25	久效磷	农业部公告第 322 号、第 632 号
26	林丹	斯德哥尔摩公约
27	磷胺	农业部公告第 322 号、第 632 号
28	磷化钙	农业部公告第 1586 号
29	磷化镁	农业部公告第 1586 号
30	磷化锌	农业部公告第 1586 号
31	硫丹	斯德哥尔摩公约（保留棉铃虫防治等用途为特定豁免）
32	硫线磷	农业部公告第 1586 号
33	六六六	农业部公告第 199 号、斯德哥尔摩公约
34	六氯苯	斯德哥尔摩公约
35	氯丹	斯德哥尔摩公约
36	氯磺隆	农业部公告第 2032 号

（续）

序号	农药名称	禁用依据
37	灭蚁灵	斯德哥尔摩公约
38	七氯	斯德哥尔摩公约
39	杀虫脒	农业部公告第 199 号
40	砷、铅类	农业部公告第 199 号
41	三氯杀螨醇	农业部公告第 2445 号；2018 年 10 月 1 日起
42	十氯酮	斯德哥尔摩公约
43	特丁硫磷	农业部公告第 1586 号
44	异狄氏剂	斯德哥尔摩公约
45	蝇毒磷	农业部公告第 1586 号
46	治螟磷	农业部公告第 1586 号

表 14 - 2　我国限制登记和使用的农药清单

序号	农药	限　　制	农业部公告号
1	2,4 -滴丁酯	不再批准登记，保留原药出口登记	2445
		限制使用	2567
2	C 型肉毒梭菌毒素	限制使用	2567
3	D 型肉毒梭菌毒素	限制使用	2567
4	百草枯	不再批准登记，保留原药出口登记	2445
		限制使用	2567
5	敌鼠钠盐	限制使用	2567
6	丁硫克百威	限制使用	2567
7	丁酰肼	撤销在花生上登记，不得使用	274
		限制使用	2567
8	毒死蜱	禁止在蔬菜上使用	2032
		限制使用	2567

（续）

序号	农药	限　　制	农业部公告号
9	氟苯虫酰胺	2018 年 10 月 1 日起禁止在水稻上使用；除水稻外目前还登记在甘蓝和白菜上	2445
		限制使用	2567
10	氟虫腈	除卫生用、玉米等部分旱田种子包衣剂外，停止销售和使用	1157
		限制使用	2567
11	氟鼠灵	限制使用	2567
12	甲拌磷	撤销在柑橘上登记	194
		2018 年 10 月 1 日起禁止在甘蔗上使用	2445
		不得用于蔬菜、果树、茶叶、中草药材	199
		限制使用	2567
13	甲磺隆	限长江流域及其以南地区酸性土壤稻麦轮作区的小麦田使用	494
14	甲基异柳磷	撤销在果树上登记	194
		2018 年 10 月 1 日起禁止在甘蔗上使用	2445
		不得用于蔬菜、果树、茶叶、中草药材	199
		限制使用	2567
15	克百威	撤销在柑橘上登记	194
		限制使用	2567
		2018 年 10 月 1 日起禁止在甘蔗上使用	2445
		不得用于蔬菜、果树、茶叶、中草药材	199
16	乐果	限制使用	2567
17	磷化铝	应双层包装，外层密闭，内层通透，2018 年 10 月 1 日起禁止其他包装	2445
		限制使用	2567

（续）

序号	农药	限　　制	农业部公告号
18	硫丹	撤销在苹果树、茶树上登记，不得使用	1586
		限制使用	2567
19	硫环磷	不得用于蔬菜、果树、茶叶、中草药材	199
20	氯化苦	撤销除土壤熏蒸外的其他登记	2289
		限制使用	2567
21	氯磺隆	限长江流域及其以南地区酸性土壤稻麦轮作区的小麦田使用	494
22	氯唑磷	不得用于蔬菜、果树、茶叶、中草药材	199
23	灭多威	撤销在柑橘树、苹果树、茶树、十字花科蔬菜上登记，不得使用	1586
		限制使用	2567
24	灭线磷	不得用于蔬菜、果树、茶叶、中草药材	199
		限制使用	2567
25	内吸磷	不得用于蔬菜、果树、茶叶、中草药材	199
26	氰戊菊酯	不得用于茶树上	199
		限制使用	2567
27	三氯杀螨醇	不得用于茶树上	199
		限制使用	2567
28	三唑磷	禁止在蔬菜上使用	2032
		限制使用	2567
29	杀扑磷	撤销在柑橘上的登记，并禁止使用	2289
30	杀鼠灵	限制使用	2567
31	杀鼠醚	限制使用	2567
32	水胺硫磷	撤销在柑橘上登记，不得使用	1586
		限制使用	2567

（续）

序号	农药	限　　制	农业部公告号
33	涕灭威	撤销在苹果上登记	194
		不得用于蔬菜、果树、茶叶、中草药材	199
		限制使用	2567
34	溴敌隆	限制使用	2567
35	溴鼠灵	限制使用	2567
36	溴甲烷	撤销在草莓、黄瓜上登记，不得使用	1586
		撤销除土壤熏蒸外的其他登记	2289
		限制使用	2567
37	氧乐果	撤销在甘蓝上登记	194
		撤销在柑橘上登记，不得使用	1586
		限制使用	2567
38	乙酰甲胺磷	限制使用	2567
39	剧毒、高毒农药	不得用于蔬菜、瓜果、茶叶、菌类、中草药材和水生植物及卫生害虫防治	农药管理条例实施办法
40	所有农药	按登记的使用范围使用	农药管理条例

（二）在必要的时候用药

一般情况下，除了一些外来入侵的检疫性病虫草害外，少量病虫草害的发生对作物生产不会造成经济损失，而且常常有利于生物多样性的保持，如草莓园中有少量的叶螨类害虫存在有利于捕食螨等天敌种群的保存和增殖。因此，为了避免不必要的用药，对于大多数害虫，都可以根据"防治指标"（或称"经济阈值"）来考虑用药。国外曾有试验报道，在二斑叶螨密度达到 120 头/叶时，草莓的产量、果实数量和含糖量也没有受到显著影响。但由于杀菌剂往往需要在发病之前或发病初期施用，是否施用一般要根据病害的严重度预报、当地的历年经验或发病条件的分析来决定。

（三）在最适的时期用药

在不同的时期使用农药对病虫草害的防治效果，对作物及其周围环境的影响都会有非常显著的差异。选择一个最适的用药时期对于提高防效、减少不利影响是非常重要的。杀虫杀螨剂对害虫（或害螨）的作用有毒杀、驱避、拒食、引诱和干扰生长发育等，毒杀作用的方式又有胃毒、触杀和熏蒸等。通常，毒杀作用的杀虫剂以对幼（若）虫的初龄期最为有效，性诱剂作用于性成熟的成虫，拒食作用的杀虫剂作用于害虫的主要取食阶段，驱避作用的杀虫剂作用于害虫的主要取食和产卵期。杀菌剂对病虫害的防治作用有保护作用和治疗作用，大多数的杀菌剂都以保护作用为主，只有在病菌侵入作物组织之前施药才会起到良好的防治效果。因此，杀菌剂一般要在发病初期或将要发病时施用。如果作物不同生育期的感病性有显著差异，也可在感病生育期开始到来时施药。除草剂也要根据药剂本身的性质（如是选择性的还是灭生性的，是茎叶处理剂还是土壤处理剂等）、作物种类及其生育期（是否对拟用除草剂敏感）和主要杂草的生育期（对拟用除草剂的敏感性）确定对杂草效果好，对作物安全的施药适期。

（四）选择对口的农药品种

农药的品种很多，各种药剂的理化性质、生物活性、防治对象等各不相同，某种农药只对某些甚至某种对象有效，如四聚乙醛对防治蜗牛等软体动物类害虫有很好效果，但对昆虫类和螨类等其他害虫几乎无效。当一种防治对象有多种农药可供选择时，应选择对主要防治对象效果好、对人畜和环境生物毒性低、对作物安全和经济上可以接受的品种。严格来说，农药品种的选择应在农药合理使用准则和农药登记资料规定的使用范围内，根据当地的使用经验选择，任何农药产品都不得超出农药登记批准的使用范围（通常在农药包装标签上有说明）使用。但由于目前我国已制定的农药合理使用准则（GB/T 8321）还没有涉及草莓，在草莓上获得使用登记的也仅有30种农药防治9种病虫草害，不能满足草莓正常生产的需要（表14-3）。所幸最近我国的农药登记主管部门已经注意到了这一问题，并正在采取措施推进农药在草莓等小作物上的使用登记进程。目前作为一个临时的权宜之计，建议当登记在草莓上的农药产品确实不能满足防治要求时，各地农业管理部门可参照蔬菜类作物的合理使用准则和登记情况，有组织地通过应用示范取得经验，提出临时使用农药清单，并按照《农药登记管理办法》的规定报农业部备案后使用。

（五）采用恰当的用药方法和技术

农药的施用方法应根据病虫草害的危害方式、发生部位、设施条件和农药的特性等来选择。一般来说，在作物地上部表面危害的病虫害，如草莓灰霉病、白粉病等，通常可采用喷雾等方法；有大棚等保护设施的，也可用熏烟的方式；对土壤传播的病虫害，如草莓枯萎病、黄萎病等，可采用土壤处理的方法；对通过种苗传播的病虫害，可采用种苗处理的方法等。对于同一种用药方法，通过技术改进也可以大幅度减少农药用量，从而显著减少对环境的污染。减少农药用量的使用技术主要有：

（1）低容量喷雾技术。通过喷头技术改进，提高喷雾器的喷雾能力，使雾滴变细，增加覆盖面积，降低喷药液量。传统喷雾方法每公顷用药液量在600～900升，而低容量喷雾技术用药液量仅为50～200升，不但省水省力，还提高了工效近

表 14 - 3　我国已在草莓上登记使用的农药

序号	名　称	对象	有效成分用量	方法	简要使用规范和注意事项
1	24-表芸薹素内酯	调节生长	0.02~0.03 毫克/千克	喷雾	于草莓盛花期和花后 1 周各喷雾 1 次
2	β-羽扇豆球蛋白多肽	灰霉病	603~840 克/公顷	喷雾	临时登记，开花期喷药 1 次，开始发病后每隔 5~7 天 1 次，共喷施 2~5 次，每季草莓最多使用 5 次
3	苯甲·嘧菌酯	白粉病	30%悬浮剂 1 000~1 500 倍液	喷雾	
4	吡虫啉	蚜虫	30~37.5 克/公顷	喷雾	
5	吡唑醚菌酯	灰霉病	112.5~187.5 克/公顷	喷雾	
6	啶酰菌胺	灰霉病	225~337.5 克/公顷	喷雾	发病前或发病初期用药，每次间隔 7~10 天。每季最多用药 3 次，安全间隔期 3 天
7	多抗霉素	灰霉病	48~60 克/公顷	喷雾	
8	粉唑醇	白粉病	75~150 克/公顷	喷雾	发病初期使用，每隔 7 天 1 次，每季最多使用 3 次，安全间隔期为 7 天
9	氟菌·肟菌酯	白粉病灰霉病	150~225 克/公顷	喷雾	每季最多使用 2 次
10	氟菌唑	白粉病	67.5~135 克/公顷	喷雾	发病初期喷药，每季最多使用 3 次，安全间隔期 5 天
11	甲维盐	斜纹夜蛾	2.57~3.42 克/公顷	喷雾	

（续）

序号	名　　称	对象	有效成分用量	方法	简要使用规范和注意事项
12	克菌丹	灰霉病	833.3~1 250 毫克/千克	喷雾	安全间隔期 2 天
13	枯草芽孢杆菌	灰霉病 灰霉病	600~900 克制剂/公顷（1 000 亿芽孢/克）	喷雾	病害初期或发病前施药，不能与链霉素、含铜或碱性农药等混用。每季最多施用 1 次，安全间隔期 10 天
14	苦参碱	蚜虫	9~10.35 克/公顷	喷雾	不能与碱性农药混用。如果与呈碱性的农药等物质混用，不宜与化学农药混用。后再使用本品，每季最多施用 1 次，安全间隔期 10 天
15	藜芦碱	叶螨	9~10.5 克/公顷	喷雾	每季最多施用 1 次，安全间隔期 10 天
16	联苯肼酯	二斑叶螨	64.5~161.25 克/公顷	喷雾	对鱼高毒。避免药液流入水体，每季最多使用 2 次
17	醚菌·啶酰菌	白粉病	112.5~225 克/公顷	喷雾	发病前或发病初期用药，间隔 7~14 天 1 次，每季最多施用药 3 次，安全间隔期为 7 天
18	醚菌酯	白粉病	120~150 克/公顷	喷雾	发病初期使用，根据发病情况可间隔 7~10 天再施药 1 次，每季最多使用 2 次，安全间隔期 5 天
19	嘧菌酯	炭疽病	150~225 克/公顷	喷雾	不能与有机硅助剂、乳油类、有机磷类农药混用
20	嘧霉胺	灰霉病	270~360 克/公顷	喷雾	发病初期施药，间隔 7~10 天可再施药 1 次，每季最多使用 2 次，安全间隔期 5 天

（续）

序号	名　称	对象	有效成分用量	方法	简要使用规范和注意事项
21	棉隆	线虫	30～40 克/米²	土壤处理	宜在夏季高温期进行，施药后及时盖地膜密封（参见本书第六章的"土壤熏蒸处理"部分）
22	蛇床子素	白粉病	6～7.5 克/公顷	喷雾	
23	四氟·肟菌酯	白粉病	39～48 克/公顷	喷雾	
24	四氟醚唑	白粉病	30～48 克/公顷	喷雾	发病初期喷雾，每隔 7～10 天施药 1 次，每季最多使用 3 次，安全间隔期 7 天
25	甜菜安·宁	一年生阔叶杂草	360～480 克/公顷	茎叶喷雾	每季作物最多只能使用 1 次
26	戊菌唑	白粉病	26.25～37.5 克/公顷	喷雾	
27	戊唑醇	炭疽病	75～105 克/公顷	喷雾	发病前或初现病斑时间隔 7～10 天连喷 2～3 次
28	依维菌素	红蜘蛛	5～10 毫克/千克	喷雾	安全间隔期 5 天，每季最多使用 2 次
29	唑醚·啶酰菌	灰霉病	228～342 克/公顷	喷雾	
30	唑醚·氟酰胺	白粉病	75～150 克/公顷	喷雾	发病初期开始用药，间隔 7～10 天连续施药，每季作物最多施药 3 次，安全间隔期 7 天
		灰霉病	150～225 克/公顷	喷雾	

注：农药登记情况会动态变化，本表是根据中国农药信息网 2018 年 3 月的资料整理。

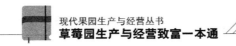

10 倍，节省农药用量 20％～30％。

（2）静电喷雾技术。通过高压静电发生装置，使雾滴带上静电，药液雾滴在静电的引导下，沉积于植物表面的比例显著增加，农药的有效利用率大幅提高。

（3）使用有机硅、矿物油等农药助剂。因这些农药助剂可大幅度增强药液的附着力、扩展性和渗透力，通常可减少 1/3 的农药用量和 50％以上的用水量，从而提高农药利用率和防治效果。

（六）掌握适当的用量

农药要有一定的用量（或浓度）才会有满意的效果，但并不是用量越大越好。首先，达到一定用量后，再增加用量，不会再明显提高防效；第二，留有少量的害虫对天敌种群的繁衍有利；第三，绝大多数杀虫剂对害虫天敌有一定杀伤力，浓度越高，杀伤力越大；第四，农药用量增加必然会增加农产品中的农药残留量；第五，部分农药用量增加容易产生药害；第六，部分农药（特别是植物生长调节剂类）用量过大反而难以达到预期效果。同一种农药，其适宜用量可因不同的防治对象而有不同；对同一个防治对象，在不同的季节或不同的发育阶段，农药的适宜用量也可能不同。通常应在农药合理使用准则和农药登记资料规定的用量（或浓度）范围内，根据当地的使用经验掌握。

（七）控制使用次数和安全间隔期

控制农药的使用次数和安全间隔期是实现农药合理使用的一个非常重要的环节。通常，在农药合理使用准则等涉及农药使用的规范性标准中，都有各种农药（按有效成分计，由不同厂家生产的具有不同商品名的农药，如果其有效成分相同，即为同一种农药）在每季作物上的最多使用次数和安全间隔期

（即采收距最后一次施药的间隔天数）的规定。另外，在农药登记批准的标签上也理应有在每季作物上的最多使用次数和安全间隔期的规定。但我国已有的农药合理使用准则中不包括在草莓上的合理使用规定，现有在草莓上获得使用登记的 30 种农药，在批准的标签上大多已有每季最多使用次数和安全间隔期的规定，但也有部分农药产品没有明确规定。

（八）预防人畜中毒

人、畜发生农药中毒的主要原因是施药人员忽视个人防护，施药浓度过高、高温天气施药或施药时间过长，误食了被高毒农药污染的农产品等。因此，在施用农药时必须按照农药合理使用的规范，控制好使用浓度、安全间隔期和最多使用次数，特别是在农药的使用过程中应严格按照农药安全使用的操作规范，施药人员必须做好个人防护工作，如施药时穿长裤和长袖衣服、戴帽子、口罩和手套，穿鞋、袜等，每天施药时间不超过 6 小时，中午高温和风大时不施药，施药过程不进食，施药结束后及时彻底清洗和漱口等。特别要注意的是，我国草莓生产大多采用保护地栽培，保护地内施药环境比较封闭，挥发性比较强的农药容易在保护设施内空间形成局部的高浓度，施药后要尽早离开。且设施草莓连续采收期长，其间有时难免使用农药，用药后一定要注意安全间隔期，不要随意在草莓园内采食草莓。

（九）预防植物药害

农药用量过大、施药方法不当、药剂挥发和飘移至敏感作物上、农药质量不合格、施药后环境条件恶化、管理不善导致误用农药或混用不当等均可造成药害。如草莓对三唑酮等药剂就非常敏感，草莓园中应慎用。因此，农药的使用必须严格按照农药的合理使用规范和农药登记时规定的使用范围、注意事项、使用方法和用量执行，并注意附近是否有敏感作物，环境条件是否特别不利等。要在充分考虑农药的特性后谨慎地混用农药，没有混用过的要先做试验，取得经验后再混用。同时，加强对农药质量的监管和对农药使用技术的培训。

（十）预防病虫草害产生抗药性

病虫草害和其他生物体一样，都有抵御外界恶劣环境的本能。在不断受到农药袭击的环境中，病虫草害同样有一种逐渐产生抵抗力的反应，这就是抗药性。如在部分草莓产区，灰霉病菌已经对嘧霉胺和异菌脲等药剂产生了明显的抗药性。而保证农药的合理使用是预防病虫草害产生抗药性的主要途径，其中关键的措施如下：

（1）放宽防治指标。在不得不使用农药时，应尽量放宽防治指标，减少用药次数和用药量，降低选择压力，降低抗性个体频率上升的速度，延缓抗药性。如二斑叶螨密度即使达到120头/叶，草莓的产量、果实数量和含糖量也没有受到显著影响。

（2）轮换农药品种。应尽可能选用作用机制不同，没有交互抗性的农药品种轮换使用。如杀虫剂中有机磷类、拟除虫菊酯类、氨基甲酸酯类、有机氮类、生物制剂和矿物制剂等各类农药的作用机制都不同，可以轮换使用；杀菌剂中内吸性杀菌剂（苯并咪唑类、抗生素类等）容易引起抗药性，应用避免连续使用，接触性杀菌剂（代森类、硫制剂、铜制剂等）不容易产生抗药性。农药品种的轮换也可采用棋盘式交替用药的方法，即把一片草莓园分成若干个区，如棋盘一样，在不同的区内，交替使用两种作用机制不同的农药。

（3）不同农药品种混合使用。两种作用方式和机制不同的药剂混合使用，或在农药中加入适当的增效剂，通常可以减缓抗药性的发展速度。但混合使用的药剂组合必须经过仔细的研究，不能盲目混用。而且混配的农药也不能长期单一地采用，否则同样可能引起抗药性，甚至发生多抗性。

（4）暂停或限制使用。当一种农药已经产生抗药性时，应停止或限制使用，经过一段时间后，抗药性现象可能会逐渐减退，药剂的毒力逐渐恢复。在确认抗药性已经消退后，可再继续使用该药剂。

（5）采用正确的施药技术。对于不同的作物和有害生物，应选用恰当的施药技术和使用剂量或浓度，使药剂适量、有效、均匀地沉积到靶标上。

四、绿色食品生产中农药的合理使用要求

绿色食品是我国特有的一类具有较高安全质量要求的食品，生产中的有害生物的防治应遵循下列原则：①以保持和优化农业生态系统为基础。建立有利于各类天敌繁衍和不利于病虫草害滋生的环境条件，提高生物多样性，维持农业生态系统的平衡；②优先采用农业措施：如抗病虫品种、种子种苗检疫、培育壮苗、加强栽培管理、中耕除草、耕翻晒垡、清洁田园、轮作倒茬、间作套种等；③尽量利用物理和生物措施：如用灯光、色彩诱杀害虫，机械捕捉害虫，释放害虫天敌，机械或人工除草等；④必要时合理使用低风险农药：如没有足够有效的农业、物理和生物措施，在确保人员、产品和环境安全的前提下，配合使用低风险的农药。

绿色食品生产中农药的选用应符合以下要求：①所选用的农药应符合相关的法律法规，并获得国家农药登记许可；②应选择对主要防治对象有效的低风险农药品种，提倡兼治和不同作用机理农药交替使用；③农药剂型宜选用悬浮剂、微囊悬浮剂、水剂、水乳剂、微乳剂、颗粒剂、水分散粒剂和可溶性粒剂等环境友好型剂型；④不可使用《绿色食品　农药使用准

则》（NY/T 393）附录所列清单之外的农药品种。

绿色食品生产中农药的使用应选在主要防治对象的防治适期，根据有害生物的发生特点和农药特性，选择适当的施药方式，但不宜采用喷粉等风险较大的施药方式；应按照农药产品标签或 GB/T 8321 和 GB 12475 的规定使用农药，控制施药剂量（或浓度）、施药次数和安全间隔期。

五、有机农业生产中农药的合理使用规范

按照 2011 年颁布的有机产品国家标准《有机产品　第 1 部分：生产》（GB/T 19630.1—2011）中的规定，病虫草害防治的基本原则是：应从农业生态系统出发，综合运用各种防治措施，创造不利于病虫草害滋生和有利于各类天敌繁衍的环境条件，保持农业生态系统的平衡和生物多样化，减少各类病虫草害所造成的损失。应优先采用农业措施，通过选用抗病抗虫品种、非化学药剂种子处理、培育壮苗、加强栽培管理、中耕除草、耕翻晒垡、清洁田园、轮作倒茬、间作套种等一系列措施起到防治病虫草害的作用。还应尽量利用灯光、色彩诱杀害虫，机械捕捉害虫，机械或人工除草等措施，防治病虫草害。以上提及的方法不能有效控制病虫草害时，允许使用下列物质：

（1）植物和动物来源。包括楝素（苦楝、印楝等提取物）、天然除虫菊素（除虫菊科植物提取液）、苦参碱及氧化苦参碱（苦参等提取物）、鱼藤酮类（如毛鱼藤）、蛇床子素（蛇床子提取物）、小檗碱（黄连、黄柏等提取物）、大黄素甲醚（大黄、虎杖等提取物）、植物油（如薄荷油、松树油、香菜油）、寡聚糖（甲壳素）、天然诱集和杀线虫剂（如万寿菊、孔雀草、芥子油）、天然酸（如食醋、木醋和竹醋）、菇类蛋白多糖（蘑菇提取物）、水解蛋白质、牛奶、蜂蜡、蜂胶、明胶、卵磷脂、

具有驱避作用的植物提取物（大蒜、薄荷、辣椒、花椒、薰衣草、柴胡、艾草的提取物）、昆虫天敌（如赤眼蜂、瓢虫、草蛉等）。

（2）矿物来源。包括铜盐（如硫酸铜、氢氧化铜、氯氧化铜、辛酸铜等）、石硫合剂、波尔多液、氢氧化钙（石灰水）、硫黄、高锰酸钾、碳酸氢钾、石蜡油、轻矿物油、氯化钙、硅藻土、黏土（如斑脱土、珍珠岩、蛭石、沸石等）、硅酸盐（硅酸钠、石英）、硫酸铁（3价铁离子）。

（3）微生物来源。包括真菌及真菌提取物（如白僵菌、轮枝菌、木霉菌等）、细菌及细菌提取物（如苏云金芽孢杆菌、枯草芽孢杆菌、蜡质芽孢杆菌、地衣芽孢杆菌、荧光假单胞杆菌等）、病毒及病毒提取物（如核型多角体病毒、颗粒体病毒等）。

（4）其他。包括氢氧化钙、二氧化碳、乙醇、海盐和盐水、明矾、软皂（钾肥皂）、乙烯、石英砂、昆虫性外激素、磷酸氢二铵。

（5）由认证机构按照标准规定（GB/T 19630.1中的附录C：评估有机生产中使用其他投入品的准则）进行评估后允许使用的其他物质。

第十五章
果实的采收包装和贮运

一、草莓果实的成熟和适宜采收期的确定

草莓果实成熟外观上最显著的特征是果实着色。果面由最初的绿色，逐渐变为白色，最后转变成红色至浓红色，并具有光泽。随着果实的着色，种子也由绿色逐渐变为黄色或红色，果肉由硬变软，并散发出特有的香味。

草莓果实在成熟过程中，其内含物质也发生着显著的变化。果实在绿色和白色时没有花青素，果实开始着色后，花青素急剧增加。随着果实的成熟，果实中糖（主要是葡萄糖和果糖）和维生素 C 的含量也显著增加，并在完全成熟时达到高峰，果实过熟时维生素 C 的含量又开始减少。相反，草莓果实中酸（主要是柠檬酸，其次是苹果酸）的含量随着成熟进程而急剧减少。

草莓果实成熟需要一定的积温量，温度在 17～30℃ 时，一般需要 600℃ 左右的积温即可成熟。因此，草莓从开花到果实成熟所需天数就因温度的高低而不同，一般为 24～32 天。

草莓果实成熟后柔软多汁，不耐贮运，过熟时采摘，易变色变质而失去商品价值；但成熟度不够时采摘，果实色泽、风味、内含物质积累均未达到应有要求，商品价值显著降低。草

莓采收期因栽培形式不同有较大差异。在长江中下游地区，露地栽培时，早熟品种一般在 4 月底至 5 月初开始成熟，中熟品种从 5 月上旬开始成熟，晚熟品种从 5 月中旬开始采收，每品种的采收期可延续 20～40 天。大棚促成栽培时，草莓的成熟采收期可从定植当年的 11 月延续至翌年的 5 月。延后抑制栽培的采收期多为当年 10 月至翌年 1 月。

确认草莓成熟度的最重要指标是果面着色程度。草莓在成熟过程中果面红色由浅变深，着色范围由小变大，生产上可以此作为确定采收成熟度的标准。适宜采收的成熟度要根据品种、用途、销售市场的远近和气温等条件综合考虑。一般，用于加工果酒、果汁饮料、果酱、果冻的要求全熟时采收，以提高果实的含糖量、香味和出汁率。供制整果罐头用的果实，要求果实大小一致，果面着色 70％～80％时为宜。鲜食用果一般宜在果面着色 70％以上时采收，但全明星、哈尼等硬果型品种，在果实接近全红时采收，才能达到该品种应有的品质和风味，同时也不影响贮运，而章姬等软果型品种，应提早到果面 70％～80％着色时采收。就近销售的果实可在完熟时采收，但不能过熟。草莓在不同的温度条件下可存放的时间是不同的，气温高不利于草莓存放。12 月至翌年 2 月气温较低，可在果实九成着色时采收，11 月和翌年 3～4 月可在八成着色时采收，10 月和翌年 5～6 月应在七成以上着色时采收。

二、采　　收

草莓的果实是先先后后陆续成熟的，采收应根据果实的成熟情况，逐日或隔日分批采收。每次采摘必须将达到采收标准的果实采完，否则将会造成果实成熟过度，并易受灰霉病的侵染。

草莓采收应尽可能在上午或傍晚气温低的时候进行，棚室栽培最好在早晨气温刚升高时结合揭开内层覆盖同时采收。气温低时采收，果实不易碰破，果梗脆而易断，气温升高后采收，则易引起腐烂和碰伤。

草莓果实的果皮很薄，果肉柔软，在采收时应仔细小心，不能乱摘乱拉。见到有成熟度适宜的果实，应用手掌包住果实，但尽量不挤压果实，用拇指和食指拿住果柄，在距离果实萼片1厘米左右处折断。这样可使摘下的果实带有1厘米左右长度的果柄，方便食用。

采收所用容器要浅，底部要平，内壁光滑，且不能装得太满，最多不能超过3层果实。可选用高度10厘米左右、宽度30～40厘米、长度40～60厘米的塑料周转箱，采摘完后，周转箱可卡槽叠放，使用十分方便。

三、分级包装

草莓采收后应按不同类型的品种、大小、色泽和形状进行分级包装。通常可在色泽和形状符合品种特性的前提下，按单果重分为4级，如一般果形大小的草莓品种，单果重20克以上为特级果，15～19.5克为一级果，10～14.5克为二级果，5～9.5克为三级果，5克以下为等外果。由于不同品种间果实大小有显著差异，因此，其分级标准也应有不同。

为了减少草莓果实的破损概率，可采用边采收、边分级的方法，采收时可一人拿2～3个果盘，将不同级的果实分别放到不同的果盘中，也可几个人分工，各采不同级别的果实。这种边采收、边分级的方法，虽然较为费工，但比一起采收后再进行分级，对果实的损伤要小得多。

草莓果实易受损伤，搞好包装是草莓生产的一个非常重要的环节。包装可因不同市场类型采用不同的包装形式，从采收到销售尽量做到不倒箱。主要草莓包装类型有：

1. 浅层箱框型 采用浅层泡沫箱或塑料框，单层摆放。适合作为采收容器，或短途大量运输使用。用于运输时，为减少挤压，可单果加泡沫网套或蛋糕纸包裹，也可用海绵条隔离。

2. 塑料小盒型 一般可采用聚苯乙烯透明塑料材质，包装盒上设计有几个通气孔，常用规格有 120 毫米×75 毫米×25 毫米和 180 毫米×110 毫米×40 毫米，大约可分别装果 150 克和 250 克等。向外运输的，可把装好的塑料小盒再装入纸箱等大包装内。该包装成本较低，果实整齐度要求不高；可单独出售，也可打包成礼盒。但对果实的保护不是很充分，长途运输慎用。

3. 独穴果盒型 盒中有一个独穴设计的塑料底托，或直接在海绵垫上按照草莓果实形状打孔，每一个穴（孔）放置一个草莓果实。有的穴孔设计比较深的，可先在底托上铺一层保鲜膜草莓果实按穴孔放好后再盖一层保鲜膜，这样保鲜膜把草莓果实悬起，不会受到穴孔底部挤压。向外运输的，可把装好的果盒再装入纸箱等大包装内。这种包装防震效果好，适合长距离运输；出售时卖相好，可直接单独出售，也可打包成礼盒，组合自由度高。

不管采用哪种包装，装盒时均应轻拿轻放，将果实萼片统一朝下或朝向一边，摆放整齐，以减少果实破损。装盒应在阴凉处进行，注意避光，即使在冬季，太阳直射也会使盒内发热，不利于贮运。

四、贮运保鲜

草莓不耐贮运，采后会很快失去鲜亮的光泽，逐渐萎蔫，风味变淡，并开始腐烂。为延缓草莓的劣变过程，不即时食用的草莓，采后应尽快采取适当的保鲜措施。目前可供选用的安全有效的保鲜措施有以下几种。

1. 降温 草莓贮藏最佳的温湿度条件是温度 0℃左右，相对湿度 90％～95％。降温最好的方法是用冷冻机，使草莓果实迅速达到适宜的贮藏温度。

2. 气调贮藏 贮藏草莓最佳的气体成分为 1％氧气和 10％～20％二氧化碳，氧气过高或二氧化碳过高均会造成异味。但气调贮藏最好与低温处理同时进行，才会取得更好效果。

3. 辐射处理 草莓采收后先用 500 戈瑞的 γ 射线辐射，再置于 8～10℃的温度下冷藏，能达到良好的贮藏效果。

4. 热处理 新采收的草莓先用 48℃热空气处理 30 分钟，或用 44℃热水浸润处理 20 分钟，再在 0～3℃的条件下冷藏 1 天，能有效地延长草莓的货架期。

5. 钙处理 用 0.4％～0.6％的氯化钙溶液处理草莓 30 秒，再在温度 3～4℃，相对湿度 90％～95％的条件下贮藏，可有效地减缓草莓果实可溶性固形物、硬度、维生素 C 和可滴定酸含量的降低幅度，减少果实失重；同时，钙处理也抑制微生物繁殖，延缓草莓的衰老和腐烂。

6. 酸混合液处理 可用 0.1％～0.5％植酸＋0.05％山梨酸＋0.1％过氧乙酸的混合液处理草莓果实。

草莓果实在运输前应有适当的包装，一般需要有 2 级包装，如先用聚苯乙烯透明塑料小盒包装，再将这种小包装置于纸箱或塑料箱大包装中，每个大包装所装的草莓重量不宜超过 5 千克。运输要采用冷藏车或带篷车，途中不能受到日晒，用无冷藏条件的车运输时，以在清晨或晚间气温较低时为宜。运输应选择路面比较好的线路，并适当控制车速，避免剧烈振动造成果实碰伤。

第十六章
速冻草莓加工工艺和检验标准

速冻草莓在食品加工领域具有广泛用途：如用于制作草莓酱，供终端消费者直接食用，也作为馅料或点缀用于烘焙或冷饮行业；用于制作水果配料，供酸奶行业使用；用于制作草莓思慕斯（Smoothie，一种有鲜果汁和冰激凌或酸奶或牛奶组成的高档混合饮料），供终端消费者直接饮用；用于制作草莓罐头，供终端消费直接食用或用作糕点的点缀；用于制作冻干草莓或草莓果脯，供终端消费直接食用；提取色素用于化妆品行业等。速冻草莓在国内外，特别是欧美发达国家有比较大的市场容量。

一、速冻草莓加工工艺

速冻草莓加工工艺的一般流程包括：基地备案监控→原料收购→进厂验收→去蒂把→复验挑选→清洗消毒→去毛除杂→沥水挑选→单冻机速冻→分级机分规格→金属探测→包装标码→入库冷藏→冷藏运输。

1. 基地备案监控　原料是生产的第一车间，对基础进行必要的监控是保证原料质量的关键。对加工速度草莓用于出口的草莓原料生产基地首先要在国家进出口商品检验检疫局进行基地备案，并按要求进行施药施肥管理。

2. 原料收购 用于速冻加工的草莓原料要求外形正常，色泽较一致，成熟度适中，不宜太软。

3. 进厂验收 凡是有病虫害、霉烂、变软、畸形和不成熟的原料，要剔除，同时查验原料基地的农残检测报告。

4. 去蒂把 要求使用不锈钢材质工具，挖蒂干净彻底，蒂把根部不允许有木质残留。

5. 复验挑选 对验收环节中应剔除而未剔除的果实及对蒂把去除不干净的果实进行复选，同时注意将地熏果及各种外来杂质挑出。

6. 清洗消毒 用流动水汽清洗机清洗，要求彻底清除泥沙和小叶等杂质。清洗完毕用 20～30 毫克/千克的次氯酸钠溶液消毒，消毒后再用流动清水冲洗干净。

7. 去毛除杂 通过去毛机去除毛发类杂质。

8. 沥水挑选 网带沥水一定要干净充分，防止在速冻过程中产生冰衣或粘连。同时在输送带上再次将不合格果挑出。

9. 单冻机速冻 要求使用流态化单冻机在 -37℃ 下进行冻结，并做到无粘连、无结块、无冰衣。

10. 分级机分规格 用滚筒规格分级机分级，剔除不合格品（青果、死果、过熟果、破碎果、畸形果等），并剔除叶子等其他杂质，要严格控制异物，防止在分挑及包装过程中带入异物。

11. 金属探测 采用金属探测仪将金属类杂质剔出。

12. 包装标码 包装要及时、不能出现结霜现象，封口严密以防风干，并保证包装间温度控制在 0～5℃。装箱时码放要有规律、紧密，轻拿轻放，保证箱子表面清洁、完整，标记号码清晰准确。

13. 入库冷藏 及时入库冷藏，库温应保持（-20±2）℃，以防成品结块。贮存期应在 18 个月内。码垛要整齐有序，不得混杂倒垛。严禁与其他有挥发性气味或海产品等腥味冷藏品混藏，以免串味。

14. 冷藏运输 速冻草莓在运输过程也必须保持冷冻状态，运输工具要采用冷藏车或冷藏集装箱等。不挂发电机的冷藏货车，要在工厂制冷至－18℃以下方可离厂；挂发电机的，要在工厂打开制冷机，待其正常运转且温度下降到－5℃后方可离厂。冷藏集装箱装货的高度不要超过集装箱内壁的红线，以便冷风循环。

二、检 验 标 准

（一）包装要求

1. 包装大小 一般为 10 千克/箱，或按照客户要求。

2. 外包装 符合食品包装质量标准，结实、牢固、坚挺，无钢钉、无破损，不刷油、无污染，胶带采用无毒塑料蓝色胶带，外包装上应有印制或加贴的标签。

3. 内包装 要求采用 PE 料内衬袋，单层厚度不低于0.05 毫米，封口严密完好。

出口货物的内外包装需由在检验检疫局注册的厂家提供，并提供证明适合出口的包装性能合格单。

（二）感官要求

1. 色泽 内外全红，着色面（除花萼部分）95％以上，色泽新鲜均匀一致。

2. 风味 具有成熟草莓所特有的风味，无异味。

3. 组织形态 果型完整，成熟度适中，蒂把去除干净彻底，冻结良好，无结霜现象。

4. 硬度 较硬，缓慢化冻后保持一定挺力。

5. 腐烂 腐烂是指由于果皮受损而未及时加工，导致细菌侵入，果肉品质发生变化，具体表现为颜色变黑发褐，味道改变。一般要求没有腐烂果。

6. 病虫果　病虫果是指应受害虫危害或病菌侵染果实感官和果肉品质发生变化。一般要求没有病虫果。

7. 地熏果　地熏果是指离地面较近或紧贴地面的果实，由于受到地面散发出来的热量和湿气熏蒸，导致挨地的一面发生了变色甚至腐烂的现象。一般要求无地熏果。

8. 死果　死果是指果实颜色为黑红色、籽颜色发白、发育不完全的果实。一般要求每10千克不超过3个。

9. 外来杂质　外来杂质是指加工过程中混入产品的外来物，如头发、玻璃、木屑、线头、纸屑、塑料纤维等。一般要求无外来杂质。

10. 本身杂质　本身杂质是指草莓本身所带的非可食组织，如草莓叶、蒂把等。一般要求每10千克不超过3个（片、根等）。

11. 过熟果　过熟果是指色泽暗黑、质地较软、速冻后果实呈不自然形状的果实。一般要求每10千克不超过10个。

12. 畸形果　畸形果是指形状奇怪、有明显突起或凹陷的果实。一般要求每10千克不超过10个。

13. 轻微机械伤果　轻微机械伤果是指在加工过程中，由于挤压磕碰，果实表面出现轻微伤痕，即使果皮破损，但果实仍保持应有的自然形状。一般要求每10千克不超过10个。

14. 严重机械伤果　严重机械伤果是指在加工过程中，由于挤压磕碰，果实表面出现凹陷变形；或是由于人为原因，将果实表面黑斑用刀挖去，导致果皮受损，果实失去本身的自然形状。一般要求无严重机械伤果。

15. 削头果　由于青白头或头部变质而将头部削去，导致果型不完整。

16. 不完全成熟果　不完全成熟果是指有阴阳面、青白头、白腔等着色不好的果实，但其着色不好的果面面积不超过整个草莓的 1/6（由于花萼覆盖而产生的自然白底不包括在内）。一般要求不完全成熟果的重量比≤3％。

17. 完全不成熟果　完全不成熟果是指阴阳面、青白头、白腔等着色不好的果面面积超过整个草莓 1/6（由于花萼覆盖而产生的自然白底不包括在内）的果实。一般要求无完全不成熟果。

18. 粘连果　粘连果是指两个或两个以上果粒黏附在一块。一般要求无粘连果。

19. 风干果　由于失水导致成品果表面变干。一般要求无风干果。

20. 带冰衣　由于沥水不干，导致果实表面附有一层冰体。一般要求无冰衣。

21. 褐变果　由于未采用不锈钢挖把器械加上挖把后未及时速冻，导致把部颜色为黄褐色的果实。一般要求无褐变果。

（三）理化和安全要求

1. 规格　通常按果实横径分为 10～22 毫米、10～25 毫米、25～35 毫米和 35 毫米以上 4 种规格，或根据客户要求进行分级。一般要求每 10 千克中超规格果不超过 5 个。

2. 糖度　可溶性固形物含量不低于 7％或按合同要求。

3. 安全要求　微生物、重金属和农药残留等符合当地食品安全标准，并适合人类食用。

以上标准可视不同市场和用途及客户要求而适当调整。

第十七章
草莓生产经营模式和成功案例

20 世纪后期以来，随着我国草莓市场的发育和发展，以及国际主要草莓市场的开拓，我国草莓生产经营的总体效益持续良好。与此同时，全国各地也涌现出了多种具有更好比较效益的草莓生产经营模式。现将主要模式的关键特点和成功案例介绍如下。

一、大规模专业化模式

大规模专业化模式是指在一定区域内有较大的产业规模，专业化程度比较高生产经营模式。这种模式往往是在多年的发展过程中形成的，不仅有大市场驱动，自然条件优势，也往往会有政府部门的大力扶持，大规模专业化发展也会孕育出比较完善的产业服务体系，包括种苗和农资供应、技术和信息服务、包装贮运和营销服务等。大规模专业化发展也会带来一些不利的因素，如轮作难以实施，土壤连作障碍严重；需要依靠远距离的消费市场来消化大量的草莓产品等。

案例一：安徽长丰全国设施草莓第一大县

安徽省长丰县发展草莓产业已有 30 多年的历史，是全国著名的优质草莓产地。草莓也是长丰县最具特色、最成规模、最有影响、最受关注、最聚人气的特色产业。如今,长丰草莓种植规模迅速扩大,连续多年稳居全国设施草莓第一大县,品牌日益响亮,效益连年攀升。小草莓已成为农民增收的大产业和长丰对外宣传展示的大名片。2017 年,全县草莓种植面积达1.4 万公顷,以红颜、丰香等鲜食品种为主,总产量突破 35 万吨,产值达 45 亿元,共有草莓种植户 8 万多户、从业人员 17.5万人、受益农民 36 万人,涌现出水湖、罗塘、左店、杜集、义井 5 个草莓万亩乡镇,"乡乡有莓园、村村有种植",产业集聚效应凸显。长丰县发展草莓产业的主要经验有以下几点。

1. 坚持抓标准化生产,逐步提升质量水平 以创建全国农产品质量安全示范县为契机,大力组织开展标准化生产,探索并普及了大棚三膜覆盖和蜜蜂授粉等技术,实行十户联保和农资统供,对供应草莓的农业生产资料全程监督管理;县农技推广中心和乡镇都建立了农产品质量安全监管站,30 多个草莓基地建立了速测室,草莓检测呈常态化管理;建立以县乡村三级草莓合作社为主体的技术培训体系,邀请经验丰富的国内外草莓专家传授技术。

2. 坚持抓政策引领,带动规模化发展 近些年来,长丰县财政持续加大政策扶持力度,累计用于草莓育苗推广、钢架大棚等生产环节的奖补资金达 9 000 多万元。在全国首创草莓生产信贷加保险试点工作,探索建立了农村信贷与农业保险相结合的银保互动机制,有效降低了农户的生产风险。出台《长丰县草莓标准化生产和质量安全管理办法》,设立草莓标准化生产和质量安全管理专项资金,有力推动了全县草莓标准化生产水平的提高;草莓育苗产业得以快速发展,种植品种不断更新换代,2016 年,全县育苗面积 2 600 多公顷,成为全国草莓种苗输出大县;有力促进了草莓生产的组织化进程,全县从事草莓生产的三大新型经营主体达 127 家。同时,在全省率先建成草莓农业物联网监测应用系统,进一步提升了草莓生产管理水平，实现了自动化、精细化、标准化高效安全生产。

3. 坚持抓市场推介，全力做好营销服务　从 2001 年开始，长丰县连续成功举办了 16 届草莓文化节，通过宣传推介，长丰草莓销售市场陆续步入全国各大中城市，热销北京、天津、南京、上海、深圳及东北等地。全县 70％草莓果品销往京津地区，北京市场 70％的草莓、天津市场 60％的草莓来自长丰。结合"互联网＋"，草莓电子商务快速发展，销量逐年扩大。在积极拓宽销售的同时，坚持优化服务环境，吸引了国内各大市场的近 400 家水果批发商进驻长丰收购草莓。2010年，政府投资在县城扩建了近 5 万米² 的草莓批发市场，在草莓生产集中地建立小型交易市场，在各大中型草莓市场设立治安办公室，设立了草莓客商服务中心和 7 个草莓客商接待服务站，让客商安心收购、公平交易。每年大年三十，县委县政府领导陪同客商共度除夕、共谋发展。

4. 坚持抓品牌培育，影响力不断提升　自 2004 年起，部分长丰草莓被农业部认证为无公害农产品，2005 年起被认证为绿色 A 级食品；2006 年长丰县被国家标准委认定为国家级无公害草莓标准化生产示范基地县，引领全国草莓标准化生产；2007 年，"长丰草莓"被国家工商总局批准注册为地理标志商标，2012 年、2015 年、2016 年 3 届被评为全国"消费者最喜爱的百强中国农产品区域公用品牌"；在农业部举办的"百万网友心中一村一品知名品牌"网络评选中，名列全国优质农产品十大知名品牌；被农业部优农中心评为"畅销产品"，并被收录到"2015 年度全国名特优新农产品名录"中；在第十三届中国国际农产品交易会上被评为金奖产品；在 2016 年第二届中国果业品牌大会上，长丰草莓品牌价值被认定为 31.53 亿元。

强势发展的长丰草莓产业、规模积聚的长丰草莓面积，铸就了长丰草莓这张绚丽名片，使长丰成为"中国草莓之都"，也为长丰成功晋级全国百强县奠定了坚实基础。

案例二：山东省郯城县——从向阳草莓专业村到港上草莓专业镇

2003 年，山东省郯城县港上镇向阳村宋开坤、王克江等人在山东烟台打工，发现草莓效益较好，便引进草莓苗，在家乡开始种植。随后，同村的人看到他们种植草莓的效益很好，便相继开始了草莓种植，冬暖式的反季节草莓大棚大量出现。2007 年，向阳草莓生产基地通过了农业部无公害农产品认证，注册了"郯香"草莓商标，并被评为"临沂市优质农产品明星基地""沂蒙草莓之乡""市级农业标准化生产基地""市级名优农产品"。2008 年被中国科协、国家财政部授予科普惠农兴村先进单位荣誉称号。

创品牌难，守品牌更难，向阳草莓协会积极做好农民思想工作，定期邀请农技专家深入田间地块，讲授种管技术，提高果农管理水平，同时组织种植户走出去参观学习省内外先进种植模式、管理模式，将先进的种管经验渗透到每一个种植户的头脑中，促进草莓产业的发展，巩固、提高，适应市场需求，稳步提升、种植户收入。为保证草莓的质量和效益，向阳草莓协会把管理延伸到产前、产中、产后的各个环节，全面推广标准化种植管理模式。2009 年，通过了农业部绿色食品认证，并被评为中国（寿光）蔬菜博览会优质产品。同时，周边的邵庄等村也开始发展草莓生产。2010 年共完成 600 个标准示范棚建设，辐射带动周边村庄种植草莓 133.33 公顷，当年每公顷大棚平均效益达到 22 万多元。到 2013 年，港上镇草莓面积发展到 466.7 公顷，草莓产业成为当地农民主要的收入来源。

2010—2016 年港上镇草莓产业规模持续扩大，整体经济效益明显优于其他农业产业，但单位面积的经济效益呈下降趋势（表 17－1）。分析原因主要有：一是产业规模快速发展，部分农户技术积累少，生产技术有待提高；二是部分土地连年种植草莓，已经出现连作障碍，而没有采取必要的处理措施；三是草莓总产量增幅较大，市场价格有所下降；四是草莓是劳动密集型产业，劳动力成本呈明显的增加趋势。

表 17 - 1　山东省郯城县港上镇草莓生产成本和效益分析

| 年份 | 成本（元/公顷） | | | | 产量（千克/公顷） | 单价（元/千克） | 产值（元/公顷） | 利润率（%） |
	劳动力成本	土地设施和投入品费用	机械租费	合计				
2010 年	113 062. 4	79 508. 6	11 296. 5	203 867. 5	45 387. 9	10. 0	453 879. 3	55. 1
2013 年	147 813. 8	80 808	10 726. 4	239 348. 2	44 234. 6	9. 0	398 111. 7	39. 9
2016 年	175 360. 1	77 470. 1	10 593. 9	263 424. 1	41 510. 1	8. 0	332 081. 1	20. 7

二、城郊生产模式

城郊生产模式是指在大中城市郊区发展草莓生产，以该城市为主要销售市场的生产经营模式。该模式具有草莓消费市场近，与终端消费者直接交易多，甚至可以采用消费者自采摘方式，运输距离短，中间环节少，供需双方信息交流也比较便利。

案例一：北京市昌平区草莓产业的发展

北京市昌平区种植草莓始于 20 世纪 80 年代初，主要分布在昌平区兴寿、崔村、南邵等镇。进入 21 世纪后，昌平草莓产业迎来了快速发展期。2001 年昌平区引进科技型企业，在昌平注册了北京天翼生物工程有限公司。该公司的经营范围涉及物流和农产品生产经营等，其中当年温室草莓生产取得很大成功，每栋温室草莓产量 1 000～1 500 千克，产值 2 万～3 万元，引起了当地农民的种植欲望和各级领导的重视。2002 年，昌平区政府拿出 300 万元作为扶持资金，鼓励农户建温室种草

莓。当年就建成日光温室 220 栋，实现产量 225 吨。随后每年
都有相应资金扶持，2006 年昌平草莓种植区通过了国家标准化
委员会第四批国家农业标准化示范区验收，特别是 2008 年 3 月
在第六届世界草莓大会上，北京成功争取到 2012 年第七届世界
草莓大会的举办权，昌平区政府把大力发展"昌平草莓"写入
历年政府工作报告，开启了昌平草莓产业的迅速发展期，用于
草莓生产的温室从 2001—2002 年度的 8.8 公顷，到 2010—2011
年度达到了 320 公顷。第七届世界草莓大会和两届北京农业嘉
年华的成功举办，大幅提升了昌平区都市型现代农业的发展水
平和品牌影响。近年，草莓面积虽较 2010—2011 年度的峰值
有所回调，但产量保持在 7 000 吨左右（表 17 - 2）。

表 17 - 2　北京市昌平区草莓产业发展

年度	草莓温室面积（公顷）	草莓产量（吨）	产值（亿元）
2001—2002	8.8	—	
2004—2005	32		
2007—2008	80	—	
2008—2009	200	2 500	0.5
2009—2010	280	5 500	1.0
2010—2011	320	6 000	2.5
2011—2012	280	7 000	3.9
2012—2013	232	6 400	3.2
2013—2014	212	7 710	4.2
2014—2015	208	7 352	3.4

　　为了有效带动更多农民通过种植草莓增收致富，昌平区政
府制定了一系列的惠农政策，例如，建一栋标准的日光温室政
府补助 3 万元，用于活性土壤的微生物菌剂是免费发放的，草
莓种苗每栋补贴 750 元，土壤消毒一栋补贴 750 元，立体栽
培、卷帘机等都有相应补贴，为全区草莓种植户办理了农资补

贴本，农民持本到农资连锁直营店购买农资可享受半价补贴。通过一系列的补助措施，截至 2014 年底，全区已有 5 个镇、46 个村、3 500 多户农民发展草莓种植，建成草莓专业合作社35 个，上万人通过种植草莓实现了就业增收。

昌平当地的农产品质量安全管理和技术部门对草莓生产全过程进行严格把关，对 3 500 余户农民进行系统培训，对每一栋日光温室草莓进行抽样检测；在全区推广生物防控技术，减少农药使用；开展新品种和新技术的试验示范，推广草莓温室内套种葡萄、食用菌以及花卉、蔬菜等高效益作物，向空间要效益，使单栋草莓温室效益增加上万元；在第七届世界草莓大会及两届北京农业嘉年华的带动下，昌平草莓的知名度越来越高，当地政府每年还通过市区广播、电视、报刊、网络等媒体以及公交车身广告，加大对昌平草莓的宣传力度，通过有效的宣传，如今"吃草莓，到昌平"已经成为了首都市民的首选。

案例二：武汉市郊草莓产业发展与成本效益

武汉市的草莓种植起始于 20 世纪 80 年代，最初由浙江引进并进行小规模露地试种，90 年代中后期开始推广使用大棚设施栽培，进入 21 世纪后，随着休闲观光型农业的兴起，武汉市的草莓种植面积逐年增加。武汉地区的草莓品种主要有法兰地、红颜、晶瑶、晶玉、章姬、丰香、全明星等，主要分布在黄陂、东西湖、蔡甸及江夏等地，如汉施公路黄陂武湖沿线、江夏纸贺公路沿线、107 国道东西湖沿线及蔡甸区新农沿线等。其中千亩以上规模的区域有黄陂武湖沙口分场、新洲阳逻山河村、东西湖走马岭苗湖村等。以休闲采摘观光特色为主的生产园区有东西湖柏泉兆丰草莓园、江夏沛美达农业科技公司、黄陂罗汉木兰金秋专业合作社、黄陂六指禾盛吉农业园、蔡甸新农姚家山草莓基地及湖北省农业科学院南湖科研基地等，园区面积均在百亩以上。"小草莓，大产业"，目前，草莓生产已成为武汉都市农业的一大亮点。到 2014 年武汉市黄陂区的草莓种植面积为 780 公顷，东西湖区为 487 公顷。大部分草莓还是以农户租赁土地种植为主，种植面积在 0.40～0.67 公顷的草莓种植户占一半以上。

根据对 2014—2015 年度黄陂区、东西湖区草莓种植户的抽样调查结果（样本量为 211 个种植户），草莓生产的成本和效益情况如表 17-3、表 17-4 所示。

表 17-3　2014—2015 年度武汉市郊促成栽培草莓平均生产成本

成本项目	金额（元/公顷）	占比（%）	备　注
钢架大棚租金	19 710	6.6	
塑料薄膜	26 625	8.9	含外层大棚膜、内棚膜和地膜
种苗	29 700	10.0	按照甜查理和红颊 2 个主栽品种外购成本平均值
抽水灌溉	1 170	0.4	
辅助授粉蜜蜂	3 000	1.0	
农药	14 205	4.8	
肥料	23 895	8.0	
人工	180 000	60.3	全成本核算
合计	298 305	100	

表 17-4　2014—2015 年度武汉市郊主要草莓品种促成栽培效益分析

项　　目	品　　种	
	甜查理	红颜
产量（千克/公顷）	32 896.5	26 449.5
销售价格（元/千克）	8.7	15.4
产值（元/公顷）	286 200	407 322
全成本（元/公顷）	283 005	313 305
纯收益（元/公顷）	3 195	94 017

三、三产融合发展模式

三产融合发展模式是指以草莓为核心，从草莓种植业向草莓生产和流通服务业，草莓加工业，城镇家庭盆栽草莓服务业，以草莓为特色的采摘游览、科普文化和休闲度假服务业的延伸，形成比较完善的草莓产业生态。

案例一：浙江省建德市杨村桥草莓小镇

浙江省建德市杨村桥镇从 20 世纪 80 年代开始种植草莓，现在全镇大棚草莓设施栽培面积 5 000 余亩，从事草莓种植的农户 2 028 户，占全镇农户的 34％，产业年产值约 7 亿元。2017 年，草莓小镇接待采摘休闲游客累计达 5 万人次，单日采摘游客最高达 600 人次。

2017 年 1 月 15 日，在第九届建德新安江·中国草莓节上，公布了在杨村桥镇建设综合性草莓小镇的规划。根据规划，将投资 40 亿多元，力争用 3～5 年时间，打造集草莓种植、产品加工、田园观光、养生保健、休闲度假、新城开发于一体的草莓全产业链标杆小镇、以草莓引领一、二、三产业融合的示范小镇、以地域特色产业促进城乡统筹的样板小镇。

雄厚的草莓产业基础、深厚的人文自然资源，是杨村桥镇创建"草莓小镇"的先天优势。这里将规划构建"草莓＋旅游、健康、科技、创意"的"草莓＋"产业体系，形成"一核、二园、三区"的现代小镇布局。

"一核"：以草莓小镇客厅为核心，利用高铁入城口区位优势，设置旅游服务中心、星级酒店等设施，形成草莓产业总部经济区。

"二园"：包含草莓产业示范园、特色精品产业园，建设草莓高标准种植区、草莓科技展示和接待服务中心，设置草莓深加工园区和草莓冷链贮运中心，创新生产多种草莓衍生品等。同时，在致中和产业园区打造集现代化工厂、酒文化和养生文化为一体的文化旅游区。

"三区"：涵盖度假休闲产业区、草莓休闲产业区、健康养生产业区，打造轻奢休闲度假新高地，草莓主题旅游精品区，以养生养老、乡野休闲为一体的养生休闲区。

预计到 2019 年，该镇将完成草莓产业示范园、草莓小镇客厅、草莓小镇基础设施配套、草莓科技示范园、致中和酒文化项目、美丽乡村国际营地度假公园、草莓主题庄园和叶头坞养生休闲谷这 8 个项目建设。

案例二：台湾休闲农业的"白石湖样本"

位于台北市西北山区的白石湖社区，原本只是一个贫困落后的山区乡村，区位偏远，人口稀少。后来围绕草莓主题进行社区建设，自 2008 年起推动"观光采摘型休闲农业计划"，不断引进草莓新品种，通过温室大棚方式种植，培育草莓特色产业，提供游客采果观光、农事体验、亲子互动等服务，逐渐发展成完备的生态旅游休闲农业，带动了整个社区的发展。既盘活了地方经济，也成为台湾休闲农业的"白石湖样本"。自 2009 年起白石湖社区先后获得"优良农建工程奖""乡村卓越建设奖"，2012 年更是入选"国际最适宜居住小区铜质奖"，成为台湾农村社区建设的经典案例。

1. 草莓观光和农事体验 白石湖的草莓多采用温室或大棚栽培，一年多批次开花结果，采摘期可达 6 个月，每年吸引数十万游客前来休闲采摘，带动当地上千农民在家门口就业，既"卖风景"，又"卖商品"，产出的草莓不仅销路不用愁，而且价格比市场上要高出许多，其中普通草莓每千克可卖到500～600 元（新台币，本案例同），有机草莓每千克可卖到960 元，农户的收入大大增加，日子过得红红火火。

以东林农园为例，种植有机草莓 3 000 多株，有生产履历的草莓 8 000 株，平均每株草莓产值约 100 元，一整季下来，全部草莓带来的收入超过 100 万元，扣除人工、农资和灌溉等成本，净收益也有三四十万元，效益非常可观。

同样位于碧山路的"野草花果有机农场"，是白石湖第一家通过有机认证的草莓农场，园内设有农事体验区，供游客体验耕种、施肥、浇水、人工授粉、采摘等农事活动。农场主坚持遵循自然农法，不使用农药与化肥，致力于土地保育。假日时，这里定期举办亲子小农夫体验营，让身处在都市的小朋友们有机会回归农田，亲近大自然，从种植中学习敬爱土地的观念。

2. 深加工　一边是源源不断的游客，一边是季节性强的草莓鲜果，如何解决这一对供需矛盾，是摆在农户面前的一道难题。对此，当地农户给出的答案是：透过深加工提升产品附加值，把小草莓做成大产业。原本拥有一个草莓园的林家民，2010 年又增设一间"农舍田园餐厅"，尝试草莓深加工。引入餐饮业态，实施多元化经营后，增加了草莓附加值，除了卖草莓，还透过深加工衍生开发出几十种产品，如酿制草莓酒和草莓醋，制作草莓罐头、草莓 Q 面、草莓果酱，也可以手工制作成草莓炼乳、巧克力酱和糕点或入菜等高附加值产品，加工后的草莓价值每千克可比鲜果增加 10 倍以上，一支草莓酒可以卖 300 元甚至上千元，大大提高了经济效益。一到周末餐厅就会爆满，平均每天超过 1 000 人次，按人均消费 300 元算，扣除成本后，每天的营收至少有 10 万元。

除了"农舍田园餐厅"，以草莓为主题的餐厅、甜品店和文创商店，白石湖还有十余家。在社区发展协会及农会的辅导下，各家业主通过差异化发展，开发出丰富多样的草莓系列产品，拉近与游客的亲近感，像"莓圃庭园咖啡"推出的美莓缤纷薄饼，"白石森活餐厅"主打的草莓养生餐等，纷纷在草莓深加工上做文章，每天吸引数千名观光客，带来人潮也带来钱潮。

3. 草莓文化 做大草莓产业的另一个尝试是策划草莓文化季，以文化引领产业转型升级，朝强化品牌内涵和产品精致化两大方向迈进。自"白石湖草莓文化季"举办以来，每年系列活动好戏连台，包括"百名莓农赛草莓比赛""草莓爱心义拍""快乐草莓家庭日"亲子游、草莓古道登山活动等，吸引广大游客热情参与。在旅游产业中注入丰富的文化内涵，草莓季活动进一步打响了白石湖草莓的品牌知名度，也为大草莓产业注入了创新力和活力。

4. 生态造景 酒香也怕巷子深，草莓品质再好，首先也要留得住人，让游客进得来、住得下、玩得好。12月至翌年5月的草莓季自然不乏人潮，而5～11月的非草莓产季，更应该营造人文景观，丰富乡村旅游产品，"黏住游客的心"。为此，从2008年起，在社区建设的过程中，白石湖社区发展协会和台北工务局以"农地治理及营造休闲景观"为主轴，持续投入经费改善环境，先后营造出白石湖吊桥、同心池、夫妻树、许愿步道等人文景点，并结合草莓观光园、健康有机蔬果及自然生态地景等特色，为游客提供采果观光、生态旅游及农事体验等服务，开创了社区产业新风貌，为休闲与草莓产业融合提供了可能。如今，白石湖社区每天人潮不断，是大台北地区全年无休的休闲旅游新景点，也发展成为台湾都会型山坡农业的典范。

四、异地种植模式

异地种植是指草莓老产区具有草莓种植技术和经验的莓农到其他地区种植草莓。异地种植模式主要有：①租赁土地模式。莓农主动到外地租赁承包田，并独立种植草莓，在当地销售。②邀请示范模式。有经验的莓农受某地方政府或农场邀请，来当地示范种植草莓（可得到一块免租金的土地），带动当地农民发展草莓生产。③技术合作模式。有经验的莓农受外地农场和大户等邀请合作种植草莓，被邀请人主要把握生产技术，并参加一定生产劳动，但不负责草莓销售，平时预发工资，到一季草莓生产结束时核算生产效益，按照比例提成。四是技术服务模式。由公司或团体组织邀请，在草莓生产周期内，负责草莓生产技术，按月支付工资。

案例：浙江省建德农民异地种植草莓赶超当地草莓业

浙江省建德市（1992 年撤县建市）从 20 世纪 80 年代初开始发展草莓生产，1989 年从浙江省农业科学院引入优质的浅休眠品种丰香，开启了大棚反季节栽培的历史，建德草莓产业发展步入了一个黄金期。90 年代中期已经成为我国有名的草莓产地。随着草莓种植面积的不断扩大，建德草莓产业遇到了新问题：当地土地面积少，多年连续种植草莓土壤连作障碍突显，草莓鲜果不利长途运输销售，区域性市场竞争激烈。

从 1995 年下半年开始，建德市杨村桥镇绪塘村吴云山在温州市郊租赁土地 0.27 公顷种植大棚草莓，迈出了建德市农民异地发展草莓的第一步。此后，下涯、杨村桥、梅城等镇的莓农通过亲戚朋友的帮带作用，了解到异地种植市场前景和发展潜力，也纷纷到温州、宁波和外省份的大城市郊区发展草莓生产，并在某省级农科院租田种植草莓，效益十分理想，一时轰动全国。经过十几年的发展，每年已有 2 000 多户、5 000 余人赴异地种植草莓，如 2008 年下半年全市有 2 583 户、5 166 人在异地种植草莓 1 037.3 公顷。其中，仅下涯镇就有 1 021 户、2 500 余人外出种植草莓。种植面积 408.5 公顷。种植地域不断扩大，现在异地种植草莓已遍及北京、广东、贵州、湖南、湖北、江苏、江西、福建、安徽、重庆、上海等

15 个省份和香港地区的 168 个大中城市郊区，尤其是广州、深圳、佛山、贵阳、武汉、南京、无锡、上海和温州等城市近郊最为集中。建德市农民异地种植草莓的产量和产值已经赶上了建德当地的草莓产业。

五、四季性品种夏秋栽培模式

我国常规的草莓栽培模式（包括露地栽培和促成栽培）的草莓上市期基本上在 11 月下旬至翌年 5 月上旬，大约持续半年时间，在另外半年时间内无法向市场提供草莓鲜果。四季性草莓品种夏秋栽培模式是指选用四季性比较强的草莓品种，实施能在夏秋季采收草莓的栽培模式。采用这种栽培模式，要求在夏季相对凉爽的地区进行，草莓单位面积产量和果实品质总体上会低于促成栽培。但由于其上市期与常规栽培错开，市场基本处于供不应求状态，市场价格会明显高于常规栽培草莓上市期。如 2015 年 8 月德国柏林超市夏秋栽培草莓鲜果每千克零售价达到 8 欧元左右（约合 60 元人民币）。

案例：河北省隆化县发展草莓夏秋栽培

河北省隆化县处在冀北山区，地形近似丘陵，地势西北高东南低，平均海拔 750 米。隆化属中温带大陆性季风型冀北山地气候，四季分明，冬长夏短。冬季干冷；春季变温快，冷热交替；夏季气候温和，雨水集中；秋季降温快，雨水少。年平均气温 7.3℃，7 月平均气温 23℃。

相对凉爽的气候条件，为发展草莓夏秋栽培，填补夏季新鲜草莓空白档提供了可能。隆化县立足优势，在相关草莓专家指导专家下，依托科研单位，重点在品种引进、选育，以及草莓越冬栽培模式、草莓连作障碍防治技术等方面进行研究和示范。同时，引进美国拉森峡谷公司、北京环五环公司、西班牙艾诺斯公司到隆化进行种苗开发，在张三营、荒地、七家、中关等乡镇建草莓育苗基地 53 公顷。2016 年，又引进了陕西海升果业集团投资 3 000 万元建设高效果蔬示范园，着力打造生产、贮存、加工、销售为一体的绿色农产品安全产业链的经营模式，建成高标准大棚 600 栋。全县四季草莓种植面积达到了 400 公顷，每公顷产值 60 万元，农民增收效益十分显著。

在草莓产品营销方面，隆化县借京津冀协同发展的"东风"，在北京多次举办隆化特色农产品展销会，让"隆化草莓"走向京津市场。目前，隆化县 90% 以上的鲜草莓销往北京、天津、石家庄等各大中城市，成为全国最大的夏季草莓生产基地。

为延伸草莓产业链条，隆化把四季草莓与休闲观光旅游产业结合起来，引领产业转型、助力脱贫致富。以"森林氧吧、温泉养生、草莓采摘"为主题，推出了"茅荆坝、七家森林温泉养生两日游"路线，吸引游客到草莓基地采摘，增加销售渠道。同时，加大宣传推广力度，先后成功举办了两届"四季草莓文化旅游节"活动，特别是 2016 年 7 月 12 日，中央电视台"心连心"艺术团走进隆化慰问演出，在七家西道草莓公社设立了分会场，让"隆化草莓"享誉全国。2016 年，以草莓采摘等为主题的观光旅游发展势头良好，全年预计接待游客 145 万人次，旅游收入 11 亿元。

为推动草莓产业长期健康发展，该县成立了草莓产业发展领导小组和专家咨询指导小组，实行县乡两级财政扶持政策，建立了全程安全监测机制，并以保护价收购、农民入股、利润返还等形式建立了相对稳定的购销关系，确保农民利益最大化。

主要参考文献

陈国芳，2009. 出口 A 级速冻草莓的加工工艺、检验标准和用途. 第六届全国草莓大会论文集：166-169.

陈莉，屠康，潘秀娟，2004. 采后热处理对草莓果实货架品质的影响. 食品科学，25（9）：187-191.

高秀岩，张志宏，杜国栋，等，2006. 5 个保护地栽培草莓新品种在沈阳的表现. 中国果树（5）：24-26.

谷军，雷家军，2005. 草莓栽培实用技术. 沈阳：辽宁大学出版社.

韩永超，方建坤，刘建军，等，2016. 武汉市城郊草莓产业发展情况调研报告. 湖北农业科学，55（24）：6470-6473.

何任红，王开冻，2003. 保护地草莓栽培技术图解. 北京：中国农业出版社.

黄卫东，2003. 草莓反季节栽培. 北京：中国农业出版社.

靳宝川，张雷，邢冬梅，等，2014. 11 个草莓品种对炭疽病的田间抗性表现. 植物保护，40（2）：123-126.

孔樟良，童英富，张国珍，等，2003. 设施栽培草莓新品种"红颊"引种初报. 中国南方果树，32（5）：61.

李宝聚，姜鹏，张慎璞，等，2005. 日本石灰氮日光消毒防治温室土传病害技术简介. 中国蔬菜（4）：38-39.

李国平，吉沐祥，2004. 大棚草莓优质鲜食新品种引进比较初报. 金陵科技学院学报，20（4）：43-47，50.

李惠明，赵康，赵胜荣，等，2012. 蔬菜病虫害诊断与防治实用手册. 上海：上海科学技术出版社.

李如海，2017. 乡乡有莓园村村有种植——安徽长丰小草莓成为富民大产业. 农村工作通讯（5）：62 - 63.

刘深魁，2016. 一颗台湾草莓的"优雅转身"——台湾农村社区产业活化的"白石湖样本". 两岸关系（4）：64 - 65.

吕鹏飞，楼杰，2005. 高温闷棚防治大棚草莓白粉病技术研究. 浙江农业科学（1）：66 - 67.

马鸿翔，段辛楣，2001. 南方草莓高效益栽培. 北京：中国农业出版社.

马燕会，齐永志，赵绪生，等，2012. 自毒物质胁迫下不同草莓品种枯萎病抗性变化的研究. 河北农业大学学报，35（2）：93 - 97.

诺尔曼·奇尔德斯，2017. 现代草莓生产技术. 张运涛，等，译. 北京：中国农业出版社.

森下昌三，2016. 草莓的基本原理：生态与栽培技术. 张运涛等，译. 北京：中国农业出版社.

石运海，2010. 郯城向阳村草莓协会带出草莓特色专业村. 中国果菜（12）：58.

苏家乐，钱亚明，王壮伟，等，2004. 不同草莓品种对蛇眼病田间抗性鉴定. 江苏农业科学（6）：85 - 86.

孙树娜，2015. 四季草莓品种与市场优势浅析. 农业与技术，35（1）：57 -58.

童英富，廖益民，邵忠，等，2009. 建德市异地种植草莓现状及发展趋势分析. 中国果业信息，26（11）：10 - 12.

童英富，郑永利，2005. 草莓病虫原色图谱. 杭州：浙江科学技术出版社.

王雯慧，2016. 中国草莓产业的今生前世. 中国农村科技（10）：74 - 77.

吴为民，张灿强，2006. 法兰蒂草莓高产栽培技术. 现代园艺（11）：17 - 18.

肖红梅，朱士农，王勇涛，2004. 采后钙处理对草莓贮藏品质的影响. 金陵科技学院学报，20（1）：51 - 54.

辛贺明，张喜焕，2003. 草莓优良品种及无公害栽培技术. 北京：中国农业出版社.

杨敬先，刘美琳，杨贝贝，2002. 以色列大型草莓新品种"瓦达"及其栽培技术. 农村经济与科技，13（120）：20.

杨睿，2017. 山东省郯城县港上镇草莓产业发展对农户收入的影响. 黑龙江农业科学（5）：124 - 128.

张金彪，黄维南，柯玉琴，2003. 草莓对镉的吸收积累特性及调控研究.

园艺学报，30（5）：514－518.

张守水，2006. 草莓新品种——斯维特甜查理. 农村新技术（8）：29.

张运涛，王桂霞，董静，2003. 意大利草莓育种简况. 中国果树（5）：58－59.

张志恒，陈倩，2016. 绿色食品农药实用技术手册. 北京：中国农业出版社.

张志恒，王强，赵学平，2005. 草莓部分病虫害生物防治研究新进展简述//成卓敏. 农业生物灾害预防与控制研究. 北京：中国农业科学技术出版社：958－960.

张志恒，王强，2008. 草莓安全生产技术手册. 北京：中国农业出版社.

甄文超，曹克强，代丽，等，2004. 连作草莓根系分泌物自毒作用的模拟研究. 植物生态学报，28（6）：828－832.

甄文超，代丽，胡同乐，等，2004. 连作对草莓生长发育和根部病害发生的影响. 河北农业大学学报，27（5）：68－71.

周厚成，何水涛，2003. 草莓病毒病研究进展. 果树学报，20（5）：421－426.

周厚成，王中庆，赵霞，2006. 南方型草莓优良品种及栽培技术. 中国南方果树，35（6）：71－73.

周明源，2015. 北京市昌平区草莓产业现状、存在的问题及发展建议. 北京农业（30）：135－137.

周争明，刘晓斌，宋晶，等，2016. 武汉市草莓生产现状及发展对策研究. 长江蔬菜（19）：4－7.

Averre C W，Jones R K，Milholland R D，2002. Strawberry Diseases and Their Control. Fruit Disease Information Note（5）：1－5.

Freeman S，Minz D，Kolesnik I，et al，2004. *Trichoderma* biocontrol of *Colletotrichum acutatum* and *Botrytis cinerea* and survival in strawberry. *European Journal of Plant Pathology*，110：361－370.

Linder Ch，Carlen Ch，Mittaz Ch，2003. Harmfulness of the two-spotted spider mite *Tetranychus urticae* Koch and control strategies in early season strawberry crops. Revue suisse de viticulture，arboriculture，horticulture（Switzerland），35（4）：235－240.

图书在版编目（CIP）数据

草莓园生产与经营致富一本通／张志恒主编 . —北京：中国农业出版社，2019.2（2020.3 重印）
（现代果园生产与经营丛书）
ISBN 978 - 7 - 109 - 25054 - 3

Ⅰ.①草… Ⅱ.①张… Ⅲ.①草莓－果树园艺②草莓－果园管理 Ⅳ.①S668.4

中国版本图书馆 CIP 数据核字（2018）第 285072 号

中国农业出版社出版
（北京市朝阳区麦子店街 18 号楼）
（邮政编码 100125）
责任编辑 张 利 黄 宇 李 蕊

中农印务有限公司印刷 新华书店北京发行所发行
2019 年 2 月第 1 版 2020 年 3 月北京第 2 次印刷

开本：850mm×1168mm 1/32 印张：8
字数：190 千字
定价：25.00 元
（凡本版图书出现印刷、装订错误，请向出版社发行部调换）